高等职业教育电子信息类新形态一体化教材

Altium Designer 21
电路设计与制作

陈学平 主编

清华大学出版社
北京

内 容 简 介

本书主要介绍了 Altium Designer 21 的电路设计技巧及设计实例,共分为 Altium Designer 21 简介及使用准备、PCB 工程及相关文件的创建、原理图编辑器的操作、绘制原理图元件、绘制电路原理图、PCB 封装库文件及元件封装设计、PCB 自动设计与手动设计、带强弱电的电路板绘制 8 个项目。每个项目由 2～7 个典型任务组成。

本书采用新形态教材的编写方式,对部分任务配套了微课视频,读者在学习时可以先扫描二维码进行在线学习,然后参考书中内容进行上机操作。书中每个项目的自测题除了有传统的习题外,还配套了在线测验。

本书可作为高等职业院校、中等职业学校、技工学校的电工电子及相关专业的教材,也可作为电子信息产业相关技术人员的自学和培训用书。

图书在版编目(CIP)数据

Altium Designer 21 电路设计与制作/陈学平主编. —北京:清华大学出版社,2022.10
高等职业教育电子信息类新形态一体化教材
ISBN 978-7-302-61614-6

Ⅰ. ①A… Ⅱ. ①陈… Ⅲ. ①印刷电路－计算机辅助设计－应用软件－高等职业教育－教材 Ⅳ. ①TN410.2

中国版本图书馆 CIP 数据核字(2022)第 147704 号

责任编辑:刘翰鹏
封面设计:常雪影
责任校对:刘 静
责任印制:沈 露

出版发行:清华大学出版社
         网   址:http://www.tup.com.cn,http://www.wqbook.com
         地   址:北京清华大学学研大厦 A 座   邮   编:100084
         社 总 机:010-83470000   邮   购:010-62786544
         投稿与读者服务:010-62776969,c-service@tup.tsinghua.edu.cn
         质量反馈:010-62772015,zhiliang@tup.tsinghua.edu.cn
         课件下载:http://www.tup.com.cn,010-83470410
印 装 者:三河市龙大印装有限公司
经   销:全国新华书店
开   本:185mm×260mm   印 张:11.5   字   数:263 千字
版   次:2022 年 10 月第 1 版   印   次:2022 年 10 月第 1 次印刷
定   价:39.00 元

产品编号:093418-01

前　言

2019 年 12 月,教育部印发了《职业院校教材管理办法》,文件指出专业课程教材应"适应项目学习、案例学习、模块化学习等不同学习方式要求,注重以真实生产项目、典型工作任务、案例等为载体组织教学单元",并进一步明确提出"倡导开发活页式、工作手册式新形态教材"。新形态教材概念的提出,已经突破了传统的狭义的教材内涵。本书的编写发展了编者于 2013 年出版的《Altium Designer 10.0 电路设计实用教程》,紧跟软件更新,适应改革需要,匹配学生就业需求。

1. 本书特色

(1) 采用"项目引领",遵循"项目载体、任务驱动"的编写思路。全书分 8 个项目,每个项目由 2～7 个典型任务组成,涵盖了 Altium Designer 电路设计与制作的基础知识与技能。

(2) 采用新形态教材的编写方式,读者可以通过扫描二维码,观看微课视频及进行在线测验等。

2. 本书具体内容

项目 1:Altium Designer 21 简介及使用准备。介绍电路设计的入门知识,初步了解 Altium Designer 21。

项目 2:PCB 工程及相关文件的创建。了解 Altium Designer 21 的文件结构和文件管理系统。

项目 3:原理图编辑器的操作。快速掌握原理图的基本功能。

项目 4:绘制原理图元件。具体包括创建元件库、绘制元件、修改集成元件库中的元件等。从最简单的元件入手,直到制作出较复杂的元件。

项目 5:绘制电路原理图。快速上手绘制一个最简单的原理图,然后绘制一个振荡电路原理图。

项目 6:PCB 封装库文件及元件封装设计。解决在集成库中找不到封装而需要进行 PCB 制作的困境。

项目 7:PCB 自动设计与手动设计,包含自动、手动布局,自动布线、手动布线,布线规则设置等。

项目 8:带强弱电的电路板绘制。以一个强弱电电路的制作为例,介绍了原理图、PCB 制作的全过程,对于其他复杂电路的制作可以作为入门参考。

本书由重庆电子工程职业学院的陈学平主编。

由于 Altium Designer 的版本一直在更新中,每一次更新都有新的改进和功能的扩展,这些虽然在本书中有所体现,但仍然难免存在一些不足和疏漏之处,恳请广大读者给予指正。

编　者

2022 年 5 月

目　录

项目 1　Altium Designer 21 简介及使用准备 ································· 1

1.1　印制电路板概述 ························· 1
　　1.1.1　什么是印制电路板 ··········· 1
　　1.1.2　PCB 的层次组成 ············ 2
　　1.1.3　常用的 EDA 软件 ··········· 3
　　1.1.4　PCB 设计流程 ············· 4
1.2　任务：初识 Altium Designer 21 ··············· 6
　　1.2.1　Altium Designer 21 概述 ······· 6
　　1.2.2　Altium Designer 21 新特性 ········ 7
1.3　任务：Altium Designer 21 的安装和切换为中文工作窗口 ······· 8
　　1.3.1　Altium Designer 21 的安装 ······· 8
　　1.3.2　Altium Designer 21 软件切换为中文工作窗口 ······· 13
1.4　任务：启动 Altium Designer 21 ················ 16
　　1.4.1　Altium Designer 21 面板管理和窗口管理 ········ 16
　　1.4.2　工作面板管理 ············ 16
　　1.4.3　窗口的管理 ············· 19
项目自测题 ···························· 20

项目 2　PCB 工程及相关文件的创建 ·················· 21

2.1　Altium Designer 21 文件结构和文件管理系统 ·············· 21
　　2.1.1　Altium Designer 21 的文件结构 ······· 21
　　2.1.2　Altium Designer 21 的文件管理系统 ········ 22
2.2　任务：认识 Altium Designer 21 文件结构和文件管理系统 ······· 23
　　2.2.1　创建和保存工程文件 ········· 23
　　2.2.2　自由文档和工程文件的变换 ········ 23
2.3　任务：认识 Altium Designer 21 的原理图和 PCB 设计系统 ······· 25
　　2.3.1　新建一个工程文件 ·········· 26
　　2.3.2　在工程项目中新建原理图文件 ······· 26
　　2.3.3　在工程文件中新建原理图元件库文件 ········ 27

    2.3.4   在工程文件中新建 PCB 文件 ·································· 28

    2.3.5   在工程文件中新建 PCB 封装库文件 ··················· 28

  项目自测题 ·· 31

项目3 原理图编辑器的操作 ·· 32

  3.1 原理图的设计过程和原理图的组成 ··················· 32

    3.1.1   原理图的设计过程 ································ 32

    3.1.2   原理图的组成 ···································· 33

  3.2 Altium Designer 21 原理图文件及原理图工作环境 ······ 36

    3.2.1   创建原理图文件 ·································· 36

    3.2.2   原理图的主菜单 ·································· 37

    3.2.3   原理图中的主工具栏 ······························ 39

    3.2.4   原理图的工作面板 ································ 40

  3.3 原理图的图纸设置 ···································· 41

    3.3.1   默认的原理图窗口 ································ 41

    3.3.2   默认图纸的设置 ·································· 41

    3.3.3   自定义图纸格式 ·································· 41

  3.4 任务：设置原理图的图纸 ······························ 43

    3.4.1   进入原理图的参数设置 ···························· 43

    3.4.2   设置图纸的基本选项 ······························ 43

    3.4.3   增加图纸信息区域信息 ···························· 45

  3.5 任务：制作原理图图纸的信息区域模板并进行调用 ······ 47

    3.5.1   创建原理图图纸模板 ······························ 47

    3.5.2   调用已经创建的原理图图纸模板 ··················· 51

  3.6 原理图视图操作 ······································ 53

    3.6.1   缩放原理图中的工作窗口 ·························· 54

    3.6.2   刷新视图和开关工具栏、工作面板和状态栏 ·········· 54

    3.6.3   设置图纸的格点 ·································· 55

  3.7 任务：编辑操作原理图中的对象 ······················ 55

    3.7.1   选择原理图中的对象 ······························ 55

    3.7.2   删除原理图中的对象 ······························ 58

    3.7.3   移动原理图中的对象 ······························ 58

    3.7.4   原理图对象操作后的撤销和恢复 ··················· 59

    3.7.5   原理图对象的复制、剪切和普通粘贴 ··············· 59

    3.7.6   原理图对象的阵列粘贴 ···························· 60

    3.7.7   将原理图中的元件对齐 ···························· 61

  3.8 对原理图进行注释 ···································· 62

    3.8.1   认识原理图的注释工具 ···························· 62

　　　3.8.2　在原理图上绘制直线和曲线 ································ 63

　　　3.8.3　在原理图中绘制不规则多边形 ···················· 64

　　　3.8.4　在原理图上放置单行文字和区块文字 ············ 65

　　　3.8.5　在原理图上放置规则图形 ···························· 66

　　　3.8.6　在原理图上放置图片说明 ···························· 67

　3.9　任务：原理图的打印 ·· 67

　项目自测题 ··· 68

项目4　绘制原理图元件 ·· 69

　4.1　元件符号概述 ·· 69

　4.2　任务：创建原理图元件库并熟悉原理图元件库的设计环境 ·········· 70

　　　4.2.1　元件库的创建 ·· 70

　　　4.2.2　原理图元件符号库的保存 ···························· 71

　4.3　任务：绘制简单的原理图元件并更新原理图中的符号 ········· 71

　　　4.3.1　认识原理图元件库设计界面 ························ 71

　　　4.3.2　设置原理图库的图纸 ·································· 73

　　　4.3.3　新建/打开一个元件符号 ····························· 74

　4.4　任务：绘制简单元件 ·· 75

　　　4.4.1　了解需要绘制的原理图元件的信息 ·············· 75

　　　4.4.2　绘制集成电路元件的边框 ···························· 75

　　　4.4.3　放置集成电路的电气引脚 ···························· 77

　　　4.4.4　更新原理图中的元件 ·································· 83

　　　4.4.5　为原理图库元件符号添加模型 ···················· 84

　4.5　任务：修改集成元件库中的元件 ································ 89

　　　4.5.1　打开集成的元件库并摘取源文件 ·················· 89

　　　4.5.2　将集成元件库的符号复制到自己的元件库中 ········ 91

　　　4.5.3　修改自己建立的原理图库的图纸格点 ············ 92

　　　4.5.4　修改复制的集成三极管元件 ························ 93

　项目自测题 ··· 94

项目5　绘制电路原理图 ·· 96

　5.1　元件库的安装、卸载、搜索 ······································ 96

　　　5.1.1　原理图元件库的引用 ·································· 96

　　　5.1.2　原理图元件的搜索 ····································· 99

　　　5.1.3　原理图元件的放置 ····································· 99

　5.2　放置原理图元件 ··· 99

　　　5.2.1　启动元件库和加载元件库 ···························· 99

　　　5.2.2　原理图元件的放置 ····································· 102

5.3 任务：设置原理图元件的属性 ································· 103
    5.3.1 认识元件属性编辑对话框 ······················· 103
    5.3.2 设置元件的基本属性 ··························· 103
    5.3.3 设置元件模型 ······························· 104
    5.3.4 元件说明文字的设置 ··························· 105
5.4 任务：电路原理图绘制 ······························· 107
    5.4.1 认识电路绘制菜单 ··························· 107
    5.4.2 认识电路绘制画线工具栏 ······················· 107
    5.4.3 认识电路绘制电源工具栏 ······················· 107
    5.4.4 在原理图中绘制导线 ··························· 108
    5.4.5 在原理图中放置电源/地符号 ····················· 109
    5.4.6 放置网络标号 ······························· 110
    5.4.7 绘制原理图中的总线和总线分支 ··················· 112
    5.4.8 放置端口 ································· 113
5.5 任务：绘制振荡电路原理图 ··························· 114
    5.5.1 设计结果及设计思路 ··························· 114
    5.5.2 设置原理图图纸 ······························· 115
    5.5.3 元件库的加载 ······························· 116
    5.5.4 元件的放置及导线连接 ························· 117
    5.5.5 电路图的注释 ······························· 121
项目自测题 ······································· 121

项目6 PCB 封装库文件及元件封装设计 ··················· 123
6.1 元件封装介绍 ··································· 123
    6.1.1 封装库文件 ······························· 123
    6.1.2 编辑工作环境介绍 ··························· 124
6.2 任务：手工创建元件封装 ··························· 124
6.3 任务：使用向导创建一个 DIP10 封装 ··················· 126
项目自测题 ······································· 131

项目7 PCB 自动设计与手动设计 ······················· 132
7.1 PCB 自动设计的步骤 ······························· 132
7.2 任务：PCB 印制电路板自动布局操作 ··················· 134
    7.2.1 元件自动布局的方法 ··························· 134
    7.2.2 PCB 的布局操作 ··························· 135
7.3 任务：对 PCB 元件进行自动布线和手动布线 ··············· 138
    7.3.1 设置自动布线规则 ··························· 138
    7.3.2 新建布线规则 ······························· 139

7.3.3 元件的自动布线 ·························· 140

7.3.4 PCB元件的手动布线 ·························· 143

7.3.5 PCB的自动布线和手动布线 ·························· 144

7.4 任务:PCB添加泪滴及覆铜 ·························· 146

7.4.1 添加泪滴 ·························· 146

7.4.2 添加覆铜 ·························· 147

7.4.3 添加矩形填充 ·························· 147

项目自测题 ·························· 148

项目8 带强弱电的电路板绘制 ·························· 150

8.1 工程文件的创建及原理图图纸设置 ·························· 150

8.1.1 创建一个新的PCB设计工程 ·························· 150

8.1.2 创建一个新的原理图图纸 ·························· 150

8.1.3 设置原理图选项 ·························· 151

8.2 任务:建立PCB工程文件及原理图文件并设置图纸 ·········· 152

8.3 任务:创建新的原理图元件 ·························· 153

8.3.1 绘制原理图元件 ·························· 153

8.3.2 为原理图元件添加封装模型 ·························· 156

8.4 任务:复制元件和放置元件 ·························· 159

8.4.1 复制粘贴元件 ·························· 159

8.4.2 在原理图中放置元件 ·························· 159

8.5 任务:连接原理图中的元件 ·························· 161

8.5.1 用导线来连接元件 ·························· 161

8.5.2 用网络标签来连接电路 ·························· 162

8.5.3 放置信号地电源端口 ·························· 163

8.6 任务:PCB的设计 ·························· 163

8.6.1 用封装管理器检查所有元件的封装 ·········· 163

8.6.2 导入网络表 ·························· 164

8.6.3 设置PCB新的布线设计规则 ·························· 165

8.6.4 在PCB中布局元件 ·························· 167

8.6.5 PCB自动布线 ·························· 168

8.6.6 放置泪滴、覆铜和填充 ·························· 169

项目自测题 ·························· 170

附录 Altium Designer 21常用英文词汇 ·························· 172

Altium Designer 21 简介及使用准备

项目描述

本项目主要涉及电路设计的大体流程和当下 Altium 公司较新的电子线路设计软件,通过学习为后续电子线路设计打下基础。

项目导学

本项目分为 4 个任务:①初步了解印制电路板的设计过程;②初识 Altium Designer 21;③Altium Designer 21 的安装和切换为中文工作窗口;④启动 Altium Designer 21。通过 4 个任务的学习和操作,读者可以了解电路设计软件的安装和切换为中文工作窗口的方法。

1.1 印制电路板概述

1.1.1 什么是印制电路板

学习电路设计的最终目的是完成印制电路板(PCB)的设计,印制电路板是电路设计的最终结果。

在现实生活中,人们在拆卸电子产品的过程中,通常可以发现其中有一块或者多块电路板,在这些板子上面有电阻、电容、二极管、三极管、集成电路芯片以及各种连接插件,还可以发现在板子上有由印刷线路连接着的各种元件的引脚,这些板子称为印制电路板。如图 1-1 所示是一块 PCB 的实物图。

图 1-1　PCB 实物图

通常情况下,在进行电路设计时在原理图设计完成后,还需要设计一块印制电路板来完成原理图中的电气连接,并安装上元件,再进行调试,因此可以说印制电路板是电路设计的最终结果。

在 PCB 上通常有一系列的芯片、电阻、电容等元件,它们通过 PCB 上的导线相互连接,构成电路,并通过连接器或者插槽进行信号的输入或输出,从而实现一定的功能。可以说 PCB 的主要功能是为元件提供电气连接,为整个电路提供输入或输出端口及显示。电气连通性是 PCB 最重要的特性。

总之,PCB 有以下主要功能。

（1）提供集成电路等各种电子元件固定、装配的机械支撑。

（2）实现集成电路等电气元件的布线和电气连接，提供所要求的电气特性。

（3）为自动装配提供阻焊图形，为电子元件的插装、检查、调试、维修提供识别图形，以便正确插装元件并实现对电子设备电路进行快速的维修。

1.1.2 PCB 的层次组成

PCB 为各种元件提供电气连接，并为电路提供输出端口，这些功能决定了 PCB 的组成和分层。

如图 1-1 所示，在这块计算机主板的电源接口部分的 PCB 实物图上可以清晰地看到各种芯片在 PCB 上的走线、插座等。

1. PCB 的各个层

PCB 一般包括很多层，实际上在进行 PCB 的制作时也是先将各个层分开做好，然后压制而成，如图 1-2 所示。PCB 主要包括以下几层。

（1）铜箔层。PCB 的材料中存在铜箔层，并由这些铜箔层构成电气连接。通常，将 PCB 的层数定义为铜箔的层数。常见 PCB 的上下表面都有铜箔，称为双层板。现今，由于电子线路的元件安装密集、防干扰和布线等特殊要求，一些较新的电子产品中所用的 PCB 不仅有上下两面走线，在板的中间还设有能被特殊加工的夹层铜箔。例如，现在的计算机主板所用的 PCB 材料多在 4 层以上。

（2）丝印层。铜箔层并不是裸露在空气中，在铜箔层上还存在丝印层，用于保护铜箔层。在丝印层上，印制上所需的标志图案和文字代号等，例如，元件标号和标称值、元件外廓形状和厂家标志、生产日期等，方便了电路的安装和维修。

（3）印制材料。在铜箔层之间采用印制材料绝缘，同时，印制材料支撑起了整个 PCB。实际上，PCB 上各层对 PCB 的性能都有影响，每个层都有自己的特点，这些将在以后的项目中具体介绍。

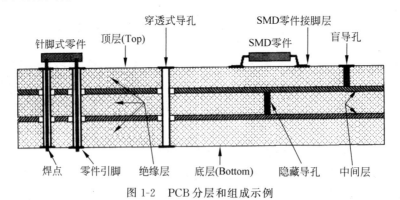

图 1-2　PCB 分层和组成示例

2. PCB 的组成

PCB 的组成可以分为以下 4 个部分。

（1）元器件。元器件用于完成电路功能。每一个元器件都包含若干个引脚，通过引脚将电信号引入元器件内部进行处理，从而完成对应的功能，引脚还有固定元器件的作用。在电路板上的元器件包括集成电路芯片、分立元件(如电阻、电容等)、提供电路板输入输出端口和电路板供电端口的连接器,某些电路板上还有用于指示的器件(如数码显示管、发光二极管 LED 等),如在大家上网时网卡的工作指示灯。

(2) 铜箔。铜箔在电路板上可以表现为导线、过孔、焊盘和覆铜等,它们各自的作用如下。

① 导线:导线用于连接电路板上各种元器件的引脚,完成各个元器件之间电信号的连接。

② 过孔:在多层的电路板中,为了完成电气连接的建立,在某些导线上会出现过孔。在工艺上,在过孔的孔壁圆柱面上需用化学沉积的方法镀上一层金属,用以连通中间各层需要连通的铜箔,而过孔的上下两面做成普通的焊盘形状,可直接与上下两面的线路相通,也可不连。

③ 焊盘:焊盘用于在电路板上固定元器件,也是电信号进入元器件的通路组成部分。用于安装整个电路板的安装孔有时也以焊盘的形式出现。

④ 覆铜:在电路板上的某个区域填充铜箔称为覆铜。覆铜可以改善电路的性能。

(3) 丝印层。印制电路板的顶层,采用绝缘材料制成。在丝印层上可以标注文字,用于注释电路板上的元器件和整个电路板。丝印层还能起到保护顶层导线的功能。

(4) 印制材料。印制材料采用绝缘材料制成,用于支撑整个电路。

1.1.3 常用的 EDA 软件

EDA 软件,即为电子技术自动化软件。通常情况下,在电子设计中有成百上千个焊盘需要连接,对于如此多的连接若采用手工设计和制作 PCB 是不太可能的,因此,各种电子设计软件应运而生。

采用电子设计软件可以对整个设计进行科学的管理,帮助生成美观实用、性能优越的 PCB。一般的电子设计软件应该包含以下的功能。

(1) 原理图设计。即输入原理图,并对原理图上的电气连接特性进行管理,统计电路上有多少电气连接,并提供对原理图的检错功能。原理图设计中还需要提供元器件的封装信息。

(2) 原理图仿真。对绘制的原理图进行仿真,看仿真结果,检查设计是否符合要求。

(3) PCB 设计。根据原理图提供的电气连接特性,绘制 PCB。该功能需要提供与原理图的接口,提供元件布局,PCB 布线等功能,并负责导出 PCB 文件,帮助制作 PCB 板。该功能还需要提供检错功能和报表输出功能。

(4) PCB 仿真。对 PCB 的局部和整体进行电气特性(如信号完整性、EMI 特性)的仿真,看是否符合设计指标。该功能需要设计者提供 PCB 板的各种材料参数、环境条件等数据。

常用的 EDA 软件有 Protel(Altium)、PowerPCB、OrCAD 和 Cadence 等。其中 Altium 提供了上述的所有功能,是国内常用的 PCB 设计软件。Altium 具有学习方便、概念清楚、操作简单、功能完善等特点,深受广大电子设计者的喜爱,是电子设计常用的入门软件。

1.1.4　PCB 设计流程

在设计 PCB 时,可以直接在 PCB 上放置元件封装,并用导线将它们连接起来。但是,在复杂的 PCB 设计中,往往牵涉大量的元器件和连接,工作量很大,如果没有一个系统的管理是很容易出错的。因此,在设计时一般会采用系统的流程来规划整个工作。通用的 PCB 设计流程包含以下 4 步。

(1) PCB 设计准备工作。

(2) 绘制原理图。

(3) 通过网络报表将原理图导入 PCB 中。

(4) 绘制 PCB 并导出 PCB 文件,准备制作 PCB 板。

下面将对每个步骤进行详细说明。

1. PCB 设计准备工作

PCB 设计的准备工作如下。

(1) 对电路设计的可能性进行分析。

(2) 确定采用的芯片、电阻、电容等元件的数目和型号。

(3) 查找所采用元器件的数据手册,并选用合适的元器件封装。

(4) 购买元器件。

(5) 选用合适的设计软件。

2. 原理图的绘制

在做好 PCB 设计准备工作后,需要对电路进行设计,开始原理图的绘制。在电路设计软件中设置好原理图的环境参数、绘制原理图的图纸大小。在设置好图纸后,绘制的原理图应包括以下 4 个主要部分。

(1) 元器件标志(symbol)。每一个实际元器件都有自己的标志。标志由一系列的管脚和边界方框组成,其中的管脚排列和实际元器件的引脚一一对应,标志中的管脚即为引脚的映射。

(2) 导线。原理图中的管脚通过导线相连,表示在实际电路上元器件引脚的电气连接。

(3) 电源。原理图中有专门的符号来表示接电源和接地。

(4) 输入/输出端口。它们表示整个电路的输入和输出。

简单的原理图一般由以上内容构成。在绘制简单的原理图时,放置上所有的实际元器件标志,并用导线将它们正确地连接起来,放置上电源符号和接地符号,安装合适的输入/输出端口,整个工作基本可以完成了。但是,当原理图过于复杂时,在单张的原理图图纸上绘制非常的不方便,而且比较容易出错,检错就更加不容易了,因此需要将原理图划分层次。在分层次的原理图中引入了方块电路图等内容。在原理图中还包含有忽略 ERC 检查点、PCB 布线指示点等辅助设计内容。

当然,在原理图中往往还包含有说明文字、说明图片等,它们被用于注释原理图,使原理图更加容易理解,更加美观。

原理图的绘制步骤如下。

(1) 查找绘制原理图所需要的原理图库文件并加载。

（2）如果电路图中的元器件不在库文件中,则自己绘制元件。

（3）将元器件放置到原理图中,进行布局连线。

（4）对原理图进行注释。

（5）对原理图进行仿真,检查原理图设计的合理性。

（6）检查原理图并打印输出。

3. 网络报表的生成

设计好原理图后,需要根据绘制的原理图进行印制电路板的设计,网络报表是电路原理图设计和印制板设计之间的桥梁和纽带。在原理图中,连接在一起的元器件标志管脚构成一个网络,从整个的原理图中可以提取网络报表来描述电路的电气连接特性。同时网络报表包含原理图中的元器件封装信息。在 PCB 设计中,只要导入正确的网络报表,即可以获得 PCB 设计所需要的一切信息。可以说,网络报表的生成既是原理图设计的结束,又是 PCB 设计的开始。

4. 印制板——PCB 设计

根据原理图绘制的印制板上应包含以下主要内容。

（1）元器件封装。每个实际的元器件都有自己的封装,封装由一系列的焊盘和边框组成,元器件的引脚被焊接在 PCB 封装的焊盘上,从而建立真正的电气连接。元器件封装的焊盘和元器件的引脚是一一对应的。

（2）导线。铜箔层的导线将焊盘连接起来,建立电气连接。

（3）电源插座。给 PCB 上的元器件加电后,PCB 才能开始工作。给 PCB 加电可以直接拿一根铜线引出需要供电的引脚,然后连接到电源即可,不需要任何的电源插座,但是为了让印制板的铜箔不至于被维修人员在维修时因用连接导线供电而损坏,还是需要设计电源插座,产品调试维修人员从而可以直接通过插座给印制板供电。

（4）输入/输出端口。在设计中,同样需要采取合适的输入/输出端口引入输入信号和导出输出信号。在一般的设计中可以采用和电源输入类似的插座。在有些设计中有规定好的输入/输出连接器或者插槽,如计算机的主板 PCI 总线、AGP 插槽,计算机网卡的RJ-45 插座等,在这种情况下,需要按照设计标准,设计好信号的输入输出端口。

在有些设计中,PCB 上还设置有安装孔。PCB 通过安装孔可以被固定在产品上,同时安装孔的内壁也可以镀铜,设计成通孔形式,并与“地”网络连接,这样方便了电路的调试。

PCB 的内容除以上之外,有些还有指示部分,如 LED、七段数码显示器等。当然,PCB 丝印层上还有说明文字,以指示 PCB 的焊接和调试。

在进行 PCB 设计时需要遵循一定的步骤才能保证不出错误。PCB 设计大体包括以下的步骤。

（1）设置 PCB 模板。

（2）检查并导入网络报表。

（3）对所有元器件进行布局。

（4）按照元器件的电气连接进行布线。

（5）覆铜，放置安装孔。

（6）对 PCB 进行全局或者部分的仿真。

（7）对整个 PCB 检错。

（8）导出 PCB 文件，准备制作印刷板。

1.2　任务：初识 Altium Designer 21

本任务的目的是让读者操作已经安装好的正常的 Altium Designer 21，在完成本任务时需要打开已经安装完成的软件并进行相关操作，进而体会一下这个软件的各项功能。

1.2.1　Altium Designer 21 概述

目前人们已可以在计算机上使用 CAD 软件来完成产品的原理图设计和印制板设计。Altium 是目前 EDA 行业中使用最方便、操作最快捷、人性化界面最好的辅助工具之一。电子信息类专业的大学生基本上都学过 Altium 电路设计软件，所以学习资源也最丰富。

Altium 公司的发展史如下。

1985 年发布 DOS 版 Protel。

1991 年发布 Protel for Windows 版本，随后几年陆续发布 Protel for Windows 1.0、2.0、3.0 版本。

1998 年发布 Protel 98，该 32 位版本是第一个包含 5 个核心模块的 EDA 工具。

1999 年发布 Protel 99，构成从电路设计到真实板分析的完整体系。

2001 年，Protel 国际有限公司正式更名为 Altium 有限公司。

2002 年发布 Protel DXP，集成了更多工具，使用更方便，功能更强大。

2004 年发布 Protel 2004，提供了 PCB 与 FPGA 双向协同设计功能。

2006 年发布 Altium Designer 6，推出首个一体化电子产品开发系统。Altium Designer 是 Altium 公司开发的一款电子设计自动化软件，用于原理图、PCB、FPGA 设计，结合了板级设计与 FPGA 设计。Altium 公司收购来的 PCAD 及 TASKKING 也成为 Altium Designer 的一部分。

Altium Designer 08（简称 AD7）将 ECAD 和 MCAD 两种文件格式结合在一起，Altium 在其最新版的一体化设计解决方案中为电子工程师带来了全面验证机械设计（如外壳与电子组件）与电气特性关系的能力，还加入了对 OrCAD 和 PowerPCB 的支持能力。

2008 年冬季发布的 Altium Designer Winter 09 引入新的设计技术和理念，以帮助电子产品设计创新，利用技术进步，并为一个产品的任务设计能更快地走向市场提供了方便。增强功能的电路板设计空间也有助于实现更快的设计，全三维的 PCB 设计环境有利于更好地避免出现错误和不准确的模型设计。

2011 年 1 月发布 Altium Designer 10。

2013 年 1 月 2 日,正式发布 Altium Designer 2013,通过一系列 PCB 新特性的发布,以及对核心 PCB 和原理图工具进行更新,进一步优化了设计环境。

2014 年 1 月发布 Altium Designer 14。

2015 年 5 月发布 Altium Designer 15,新增功能可显著实现设计效率的提升、设计文档的改善及高速 PCB 设计自动化。

2016 年 4 月发布 Altium Designer 16.0.9。

2016 年 11 月 17 日发布 Altium Designer 17,该版本能够帮助用户显著减少在与设计无关任务上花费的时间。

2018 年 1 月 3 日,Altium Designer 18(AD18)正式版正式发布。

2018 年 12 月 17 日发布 Altium Designer 19.0.10。

2019 年 12 月 3 日,Altium 推出了简单易用、与时俱进、功能强大的新版 PCB 设计软件 Altium Designer 20。跨越 20 多年的电子设计创新,Altium Designer 20 通过速度更快的原理图编辑器、高速设计和增强型交互式布线器功能可实现更快的电路板设计,进而改善设计体验。

2020 年 12 月 17 日发布 Altium Designer 21.0.8。

2020 年 12 月 Altium 公司在全球范围内推出最新版本 Altium Designer 21。Altium Designer 21 拥有了更多的新特性,并应用了更新的技术。

1.2.2 Altium Designer 21 新特性

Altium Designer 21 提供了一个强大的高集成度的板级设计发布过程,它可以验证并将设计和制造数据进行打包,这些操作只需一键完成,从而避免了人为交互中可能出现的误差。发布管理系统简化规范了发布设计项目的流程,可以直接链接到后台版本控制系统。

1. 新增的强大的预发布验证方法的组合

预发布验证用以确保所有包含在发布中的设计文件都是当前的,与存储在版本控制系统中的相应的文件保持同步,并且通过了所有特定的规则检查(ERC、DRC 等),从而可以在更高层面上控制发布管理,并可保证卓越的发布质量。

Altium Designer 21 提供一系列改进措施,除发展和完善现有技术外,对于每次更新还会根据客户通过 AltiumLive Community BugCrunch 系统提出的反馈对软件进行大量修复和增强,从而帮助设计人员继续创造前沿电子技术。

2. 新的 PCB 长度调谐模式

长度匹配是高速设计的关键要素,通常通过仔细调整关键路线的长度来解决。此版本引入了新的长号和锯齿调谐模式,并对手风琴模式进行了改进。

3. 新的和改进的优化模式

此版本对单面和差分对长度调优功能进行了大量改进。添加了新的长号和锯齿调谐模式,引入了调谐套筒的概念。套筒概念简化了调整模式的移动和变形,允许沿原始路径和拐弯处滑动调整模式。

4. 新的调谐模式

长度调谐现在支持所有三种流行的调谐模式：长号、锯齿和手风琴。

启动长度调整命令后按 Tab 键，然后在"属性"面板的"交互式长度调整"模式中选择所需的模式，再开始调整网络的长度。

5. 使用新的优化模式

对于长号和锯齿图案，图案在可以被视为套筒的信封内构建多边形区域。单击以选择放置的图案并显示套筒。

6. 旋转可折叠面板图案

PCB 编辑器的折叠面板图案已更新，以支持已放置的折叠面板图案的旋转。

要旋转选定的可折叠面板选择框，请按住 Ctrl 键，然后：

（1）单击并拖动可折叠面板选择框的任一端，以围绕可折叠面板的另一端进行旋转。

（2）单击并拖动可折叠面板选择框的任一侧，以围绕可折叠面板的中心旋转。

（3）在旋转过程中按 R 键可切换（打开/关闭）旋转，以 45°为增量对齐。

1.3   任务：Altium Designer 21 的安装和切换为中文工作窗口

在任务 1.2 中介绍了 Altium Designer 21 的一些特性，同时初步学习了 Altium Designer 21 的操作方法，但是对于这个软件如何安装和切换为中文工作窗口，大家并不熟悉。本任务主要介绍 Altium Designer 21 的安装和切换为中文工作窗口的方法。

1.3.1   Altium Designer 21 的安装

Altium Designer 21 的安装方法如下。

（1）找到 Altium Designer 21 安装文件包，将其解压。

（2）找到解压后文件夹里面的 AltiumDesigner21Setup. exe，双击并开始安装。

（3）弹出 Altium Designer 21 安装向导对话框，如图 1-3 所示。

（4）单击 Next 按钮，出现接受协议对话框，如图 1-4 所示。选中 I accept the license agreement 复选框。同时注意选择语言，此处选择 Chinese。

（5）单击 Next 按钮，出现选择安装模式对话框，因为编者已经安装过 Altium Designer 20，现在是安装 Altium Designer 21，所以会有两种模式，第一种模式是选择新的安装，第二种模式是选择更新已有的版本。此处选择第一种模式，如图 1-5 所示。

（6）单击 Next 按钮，出现选择安装设计功能类型的对话窗口，如图 1-6 所示。此处可以直接单击 Next 按钮，选择默认选项进行安装。

（7）单击 Next 按钮，出现选择安装文件夹路径的对话框，如图 1-7 所示。此处可以直接单击 Next 按钮，安装到默认文件夹，也可以更改安装文件夹的路径。为了避免机器重装后的风险，建议更改安装文件夹。

（8）可以直接将 C 盘更改为 D 盘，更改安装路径，如图 1-8 所示。这样就可以将程序安装到 D 盘中了。

（9）单击 Next 按钮并在出现的对话框中，保持默认的选择，如图 1-9 所示。

图 1-3 Altium Designer 21 安装向导对话框

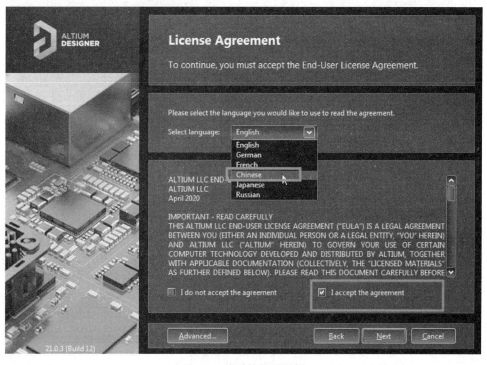

图 1-4 接受协议对话框

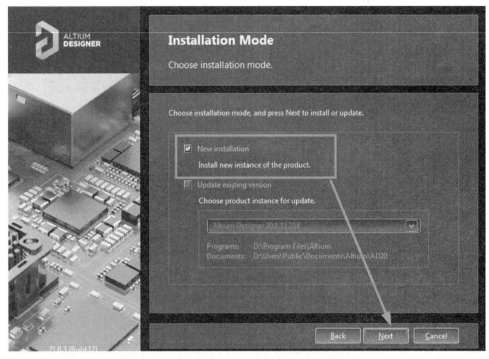

图 1-5   选择安装模式对话框

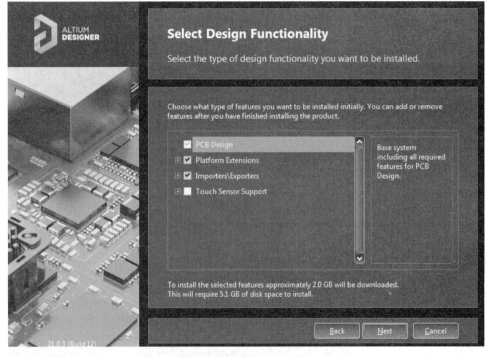

图 1-6   选择安装设计功能类型

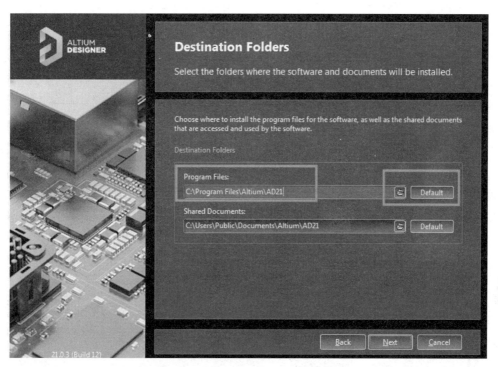

图 1-7　默认的安装文件夹路径对话框

图 1-8　更改安装到 D 盘

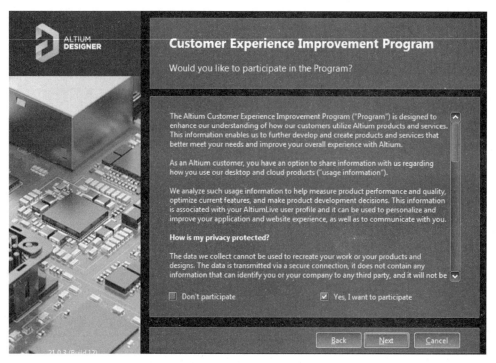

图 1-9   选中 Yes,I Want to participate 复选框

（10）单击 Next 按钮，出现准备安装程序的对话框，如图 1-10 所示。

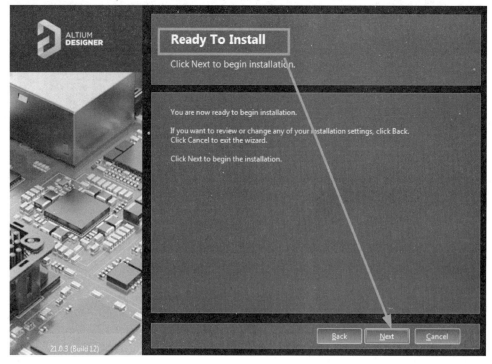

图 1-10   准备安装

（11）单击 Next 按钮,然后正常进行安装并更新系统,如图 1-11 所示。

图 1-11　正在安装中

（12）直到所有文件安装完成后,单击 Finish 按钮,完成安装。

1.3.2　Altium Designer 21 软件切换为中文工作窗口

（1）安装完成后,从开始菜单的所有程序中选择并启动 Altium Designer,如图 1-12 所示。

（2）软件启动过程中可以看到软件的版本号是 21.0.3,软件的启动界面如图 1-13 所示。

（3）软件启动成功后的窗口如图 1-14 所示。在该窗口中,软件语言是英文的,而且软件因没有进行注册还无法正常使用。

（4）单击窗口右上角的设置图标,如图 1-15 所示。

图 1-12　启动软件

（5）在出现的 Preferences 窗口中,展开并选择 System→General 选项,在 Localization 选项区中选中 Use localized resources 复选框,同时选中 Localized menus 复选框,如图 1-16 所示。选中后,将会弹出一个提示对话框,提示启动新的设置工作,如图 1-17 所示。单击 OK 按钮,回到 Preferences 窗口。再单击 OK 按钮,退出 Altium Designer 21。再一次重新启动后,若操作系统使用中文,则软件的工作窗口已经成为中文了,如图 1-18 所示。

Altium Designer 21 软件启动后,可使用官方注册码进行注册。

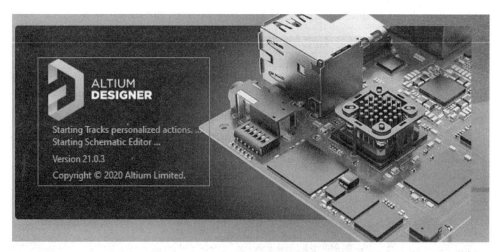

图 1-13　软件的启动界面

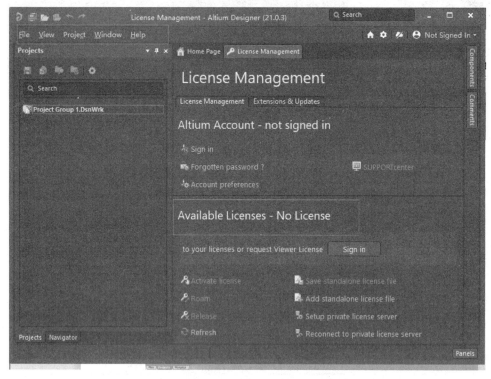

图 1-14　软件启动后的窗口

图 1-15　单击设置图标

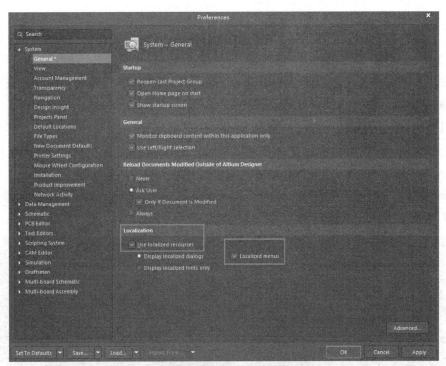

图 1-16 Preferences 窗口

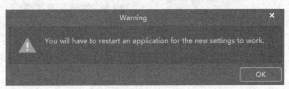

图 1-17 提示重新启动设置工作

图 1-18 软件重启后的中文窗口

1.4   任务：启动 Altium Designer 21

在任务 1.3 中已经介绍了 Altium Designer 21 的安装，本任务将介绍软件安装后如何启动软件、进行面板管理和窗口管理的基本知识。

1.4.1   Altium Designer 21 面板管理和窗口管理

启动 Altium Designer 21 非常简单，当 Altium Designer 21 安装完成时系统会将 Altium Designer 21 应用程序的快捷方式图标在开始菜单中自动生成。

选择"开始"→"所有程序"→Altium Designer 21 命令，将会启动 Altium Designer 21 主程序窗口，如图 1-19 所示。

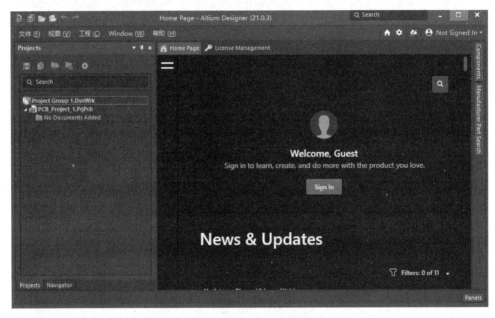

图 1-19   Altium Designer 21 主程序窗口

当在不同的操作系统中安装完该软件后，首次看到的主窗口可能会有所不同，不过没关系，软件的操作方式都大同小异。通过本任务的介绍，应能掌握最基本的软件操作。

Altium Designer 21 的工作面板和窗口与 Altium 软件以前的版本有一些不同，对其管理也有不同的方法，而且熟练地掌握工作面板和窗口管理能够极大地提高电路设计的效率。

1.4.2   工作面板管理

1. 标签栏

工作面板在设计工程中十分有用，通过它可以方便地操作文件和查看信息，还可以提高编辑的效率。单击屏幕右下角的面板标签按钮，如图 1-20 所示。

单击面板中的标签按钮可以选择每个标签中相应的工作面板窗口，如单击 Panels 标签按钮，则会出现如图 1-21 所示的面板选项菜单。可以从弹出的选项菜单中选择自己所需要的工作面板，也可以通过选择"视图"→"工作区面板"命令选择相应的工作面板。

图 1-20　工作面板标签　　　　　　　图 1-21　Panels 的面板选项菜单

2. 工作面板的窗口

在 Altium Designer 21 中大量的使用工作窗口面板,可以通过工作窗口面板方便地实现打开文件、访问库文件、浏览每个设计文件和编辑对象等各种功能。工作窗口面板可以分为两类:一类是在任何编辑环境中都有的面板,如库文件(Libraries)面板和工程(Projects)面板;另一类是在特定的编辑环境下才会出现的面板,如 PCB 编辑环境中的导航器(Navigator)面板。

面板的显示方式有 3 种。

(1) 自动隐藏方式。如图 1-22 所示,面板处于自动隐藏方式。要显示某一工作窗口面板,可以单击相应的标签,工作窗口面板会自动弹出,当光标移开该面板一定时间或者单击工作区区域,面板会自动隐藏。

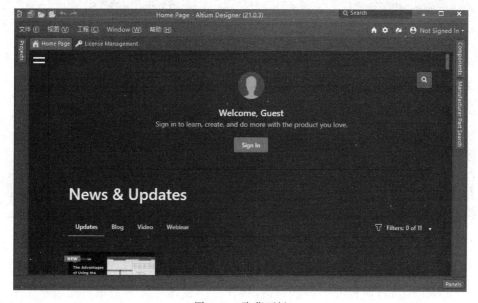

图 1-22　隐藏面板

（2）锁定显示方式。如图 1-23 所示是 Projects 面板锁定的窗口。

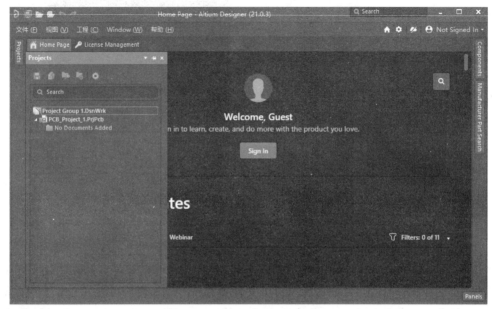

图 1-23　Projects 面板锁定的窗口

（3）浮动显示方式。如图 1-24 所示浮动显示的面板。

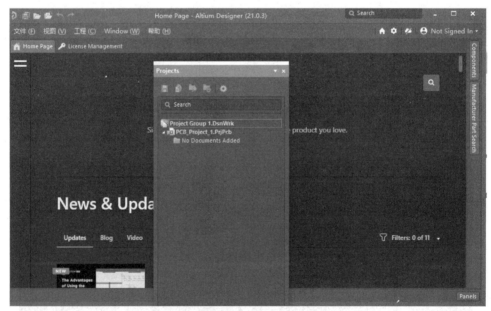

图 1-24　浮动显示的 Projects 面板

3．三种面板显示之间的转换

（1）在工作窗口面板的上边框右击，将弹出面板命令标签菜单。通过单击来选中 AllowDock→Vertically 复选菜单项，如图 1-25 所示。将光标放在面板的上边框，拖动光标至窗口左边或右边合适位置。松开鼠标,即可以使所移动的面板自动隐藏或锁定。

（2）要使所移动的面板为自动隐藏方式或锁定显示方式,可以选取图标 🔒（锁定状态）和图标 📌（自动隐藏状态）,然后通过单击进行状态转换。

（3）要使工作窗口面板由自动隐藏方式或者锁定显示方式转变到浮动显示方式,只需要将工作窗口面板向外拖动到希望的位置即可。

1.4.3　窗口的管理

在 Altium Designer 21 中同时打开多个窗口时,可以设置将这些窗口按照不同的方式显示。对窗口的管理可以通过 Window 菜单进行,如图 1-26 所示。

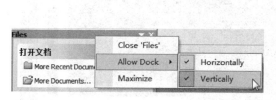

图 1-25　命令标签

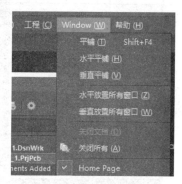

图 1-26　Window 菜单

对菜单中每项的操作如下。

（1）水平排列所有的窗口。选择 Window→"水平平铺"命令,即可将当前所有打开的窗口平铺显示,如图 1-27 所示。

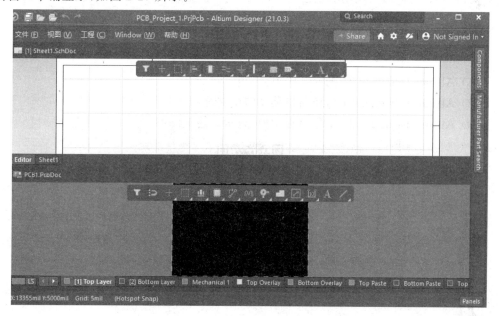

图 1-27　平铺窗口

图 1-27 是在新建了一个 PCB 文件，一个原理图文件，并且打开 Home Page(主页)之后水平平铺的窗口。

（2）垂直平铺窗口。选择 Window→"垂直平铺"命令，即可将当前所有打开的窗口垂直平铺显示，如图 1-28 所示。

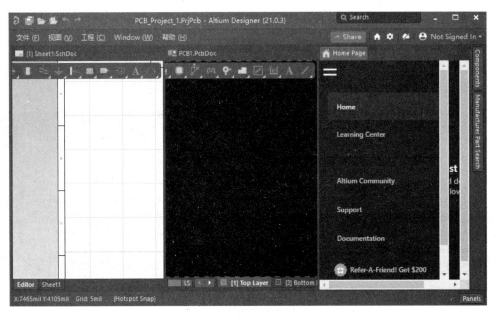

图 1-28　窗口垂直平铺显示

（3）关闭所有窗口。选择 Window(窗口)→"关闭所有文档"命令可以关闭当前所有打开的窗口，也会同时关闭所有当前打开的文件。

项目自测题

（1）Altium Designer 21 的安装练习。

（2）Altium Designer 21 工作窗口英文转中文练习。

（3）Altium Designer 21 工作面板切换、显示和隐蔽练习。

项目 1 自测题自由练习

PCB 工程及相关文件的创建

项目描述

本项目主要介绍 Altium Designer 21 的文件结构,以及 Altium Designer 21 的 Projects 面板的两种文件,即工程文件和 Altium Designer 21 设计时的临时文件(自由文档)。重点介绍了 Altium Designer 21 的工程文件、原理图文件、原理图元件库文件、PCB 文件、PCB 封装库文件的创建方法。

项目导学

本项目通过几个任务来介绍 Altium Designer 21 的工程文件、原理图文件、原理图元件库文件、PCB 文件、PCB 封装库文件的创建方法。通过学习应能达到以下要求。

(1)掌握 Altium Designer 21 的文件结构。

(2)掌握 Altium Designer 21 的 Projects 面板中的文件类别。

(3)理解如何复制工程文件。

(4)了解 Altium Designer 21 电路软件包含的功能。

(5)掌握建立工程文件的两种方法。

(6)掌握工程文件的各种文件后缀名。

(7)掌握建立原理图文件、原理图库文件、PCB 文件、PCB 库文件的方法。

2.1 Altium Designer 21 文件结构和文件管理系统

2.1.1 Altium Designer 21 的文件结构

Altium Designer 21 的文件结构如图 2-1 所示。

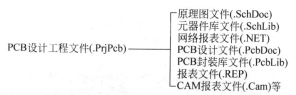

图 2-1 Altium Designer 21 的文件结构

在 Altium Designer 21 中同样引入工程(＊. PrjPcb 为文件扩展名)的概念,其中包含一系列的单个文件如原理图文件(. SchDoc)、元器件库文件(. SchLib)、网络报表文件

(.NET)、PCB 设计文件(.PcbDoc)、PCB 封装库文件(.PcbLib)、报表文件(.REP)、CAM 报表文件(.Cam)等,工程文件的作用是建立与单个文件之间的链接关系,方便电路设计的组织和管理。

2.1.2　Altium Designer 21 的文件管理系统

在 Altium Designer 21 的 Projects 面板中有两种文件,即工程文件和 Altium Designer 21 设计时的临时文件。此外,Altium Designer 21 将单独存储设计时生成的文件。Altium Designer 21 中的单个文件(如原理图文件、PCB 文件)不要求一定处于某个设计工程中,它们可以独立于设计工程而存在,并且可以方便地移入和移出设计工程,也可以方便地进行编辑。

Altium Designer 21 文件管理系统给设计者提供了方便的文件中转,给大型设计带来了很大的方便。

1. 工程文件

Altium Designer 21 支持工程级别的文件管理。在一个工程文件中包含设计中生成的一切文件,如原理图文件、网络报表文件、PCB 文件以及其他报表文件等,它们一起构成一个数据库,以完成整个的设计。实际上,工程文件可以看作一个"文件夹",里面包含有设计中需要的各种文件,在该"文件夹"中可以执行对文件的一切操作,工程文件如图 2-2 所示。

如图 2-2 所示为打开的工程文件.PrjPcb 工程文件的展开,该文件中包含有自己的原理图文件脉搏感测系统接收板.SchDoc、PCB 文件脉搏感测系统接收板.PcbDoc 以及库文件等。

注意:工程文件中并不包括设计中生成的文件,工程文件只起到管理的作用。

如果要对整个设计工程进行复制、移动等操作时,需要对所有设计时生成的文件都进行操作。如果只复制工程将不能完成所有文件的复制,即在工程中列出的文件将是空的。

图 2-2　工程文件

2. 自由文档

不从工程中新建,而直接通过选择"文件"→"新的"命令建立的文件称为自由文档,图 2-3 标示出的即为自由文档,也是临时文件。

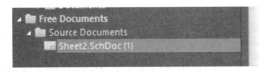

图 2-3　自由文档

3. 文件保存

在 Altium Designer 21 中进行存储操作时,系统会单独地保存所有设计中生成的文件,同时也会保存工程文件。但是需要说明的是,将文件存盘时,工程文件不像 Protel 99 SE 版本那样,所有设计时生成的文件都会保存在工程文件中,而是每个生成文件都有自己的独立文件。

注意:虽然 Altium Designer 21 支持单个文件,但是正规的电子设计,还是需要建立一个工程文件来管理所有设计中生成的文件。

2.2　任务:认识 Altium Designer 21 文件结构和文件管理系统

2.2.1　创建和保存工程文件

(1) 创建一个设计工程文件,然后保存该文件并命名为 My First Project。选择"文件"→"新的"→"项目"命令创建一个工程文件。如图 2-4 所示。

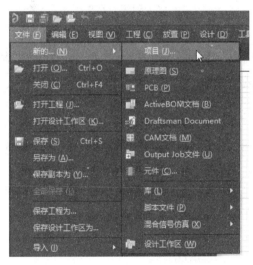

图 2-4　创建工程的命令

(2) 弹出创建工程文件的对话框,如图 2-5 所示。

(3) 选择"文件"→"保存工程为"命令,弹出一个对话框进行工程的保存,如图 2-6 所示,假设要将工程保存在 F 盘的 Altium 21 文件夹下面,结果如图 2-7 所示。

2.2.2　自由文档和工程文件的变换

(1) 选择"文件"→"新的"→"原理图"命令可以创建一个原理图文件,如图 2-8 所示。

(2) 创建后的项目面板如图 2-9 所示。

(3) 移除原理图文件。右击原理图文件并在弹出的快捷菜单中选择"从工程中移除…"命令从工程文件中移除原理图,如图 2-10 所示,此时原理图文件将变为自由文档,如图 2-11 所示。

工程文件和
自由文档

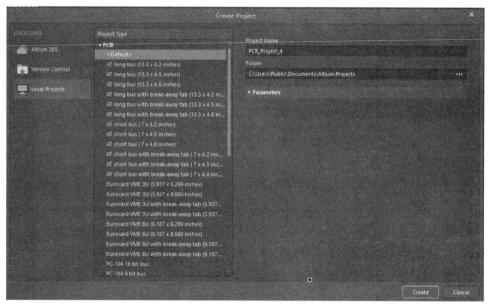

图 2-5　创建工程文件

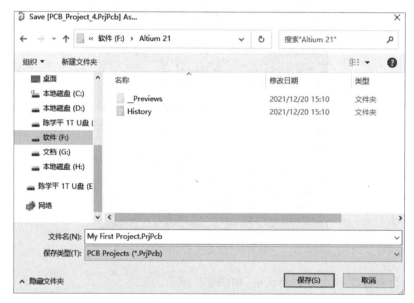

图 2-6　保存工程文件

图 2-7　新建立的工程文件

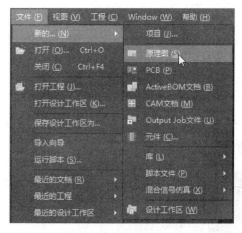

图 2-8　创建原理图文件

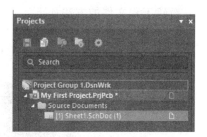

图 2-9　新建立的原理图面板

图 2-10　移除原理图

图 2-11　自由文档的面板

　　注意：原理图从工程中被移除后，变为了自由文档，也可以将自由文档变为工程文件，即在原理图文件 Sheet.SchDoc 上按住鼠标左键，然后将其拖动到工程文件中，即可将自由文档变为工程文件。

2.3　任务：认识 Altium Designer 21 的 原理图和 PCB 设计系统

　　本任务将学习 Altium Designer 21 的原理图和 PCB 设计系统，这是学习电路设计必须要掌握的知识，学习本节后，能够自己创建工程文件、原理图文件、原理图库文件、PCB

文件、PCB 库文件 5 种文件。

本任务重点介绍原理图和 PCB 设计系统。先从新建一个工程文件开始,然后在工程文件中依次新建原理图文件、原理图库文件、PCB 文件、PCB 库文件。

2.3.1　新建一个工程文件

新建工程文件的方法如下。

在主窗口选择“文件”→“新的”→“项目”命令,如任务 2.1 中的图 2-4 所示。

通过以上方式建立的工程文件如图 2-12 所示。

空白的项目面板

图 2-12　工程文件

工程文件建立好后,接下来就可以在工程文件中建立单个文件了。

2.3.2　在工程项目中新建原理图文件

新建原理图文件的操作步骤如下。

注意:通常建立的第 1 个项目是 PCB_Project1.PrjPcb,由于已经建立了几次,所以名称为 PCB_Project5.PrjPcb。

(1) 在工程文件 PCB_Project5.PrjPcb 上右击,在弹出的快捷菜单中选择“添加新的…到工程”→Schematic(原理图)命令,如图 2-13 所示。

图 2-13　新建原理图

(2) 在 PCB_Project5.PrjPcb 工程中新建一个原理图文件后,该文件将显示在 PCB_Project5.PrjPcb 工程文件中,被命名为 Sheetl.SchDoc,并自动打开原理图设计界面,该原理图文件进入编辑状态,如图 2-14 所示。

原理图和 PCB 设计系统

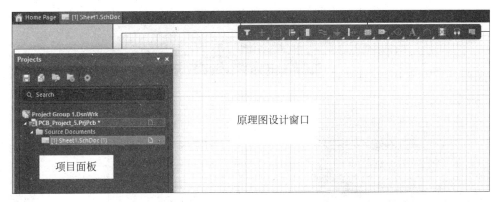

图 2-14　新建原理图设计界面

和 Protel 家族的其他软件一样，原理图设计界面包含菜单、工具栏和工作窗口，在原理图设计界面中默认的工作面板是 Project（工程）面板。

2.3.3　在工程文件中新建原理图元件库文件

在进行原理图设计时使用的是元件符号库，而所谓原理图库文件是指元件符号库文件。

新建原理图元件库文件的步骤如下。

（1）在工程文件 PCB_Project5.PrjPcb 上右击，在弹出的快捷菜单中选择"添加新的…到工程"→Schematic Library（原理图库）命令，如图 2-15 所示。

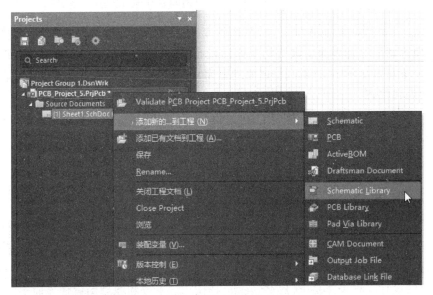

图 2-15　新建原理图库文件命令

（2）在 PCB_Project5.PrjPcb 工程中新建一个原理图库文件后，该文件将显示在 PCB_Project5.PrjPcb 工程文件中，被命名为 SchLib 1.SchLib，并自动打开原理图库设计界面，该原理图库文件进入编辑状态，如图 2-16 所示。

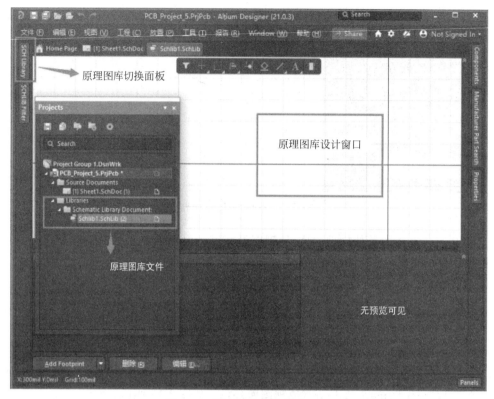

图 2-16　原理图库文件设计界面

和 Protel 家族的其他软件一样，原理图库文件设计界面也包含菜单、工具栏和工作窗口，在原理图库设计界面中默认的工作面板是 Projects 面板。不过和原理图设计界面不同，在左下角将显示 SCH Library(原理图库)的选择项，单击该项后会正式进入原理图库文件的编辑状态。

2.3.4　在工程文件中新建 PCB 文件

建立工程文件后，可以在工程文件中新建 PCB 文件，进入 PCB 设计界面。

操作步骤如下。

(1) 在工程文件 PCB_Project5.PrjPcb 上右击，在弹出的快捷菜单中选择"添加新的…到工程"→PCB(印制板)命令，如图 2-17 所示。

(2) 在 PCB_Project5.PrjPcb 工程中新建一个 PCB 印制板文件后，该文件将显示在 PCB_Project5.PrjPcb 工程文件中，被命名为 PCB1.PcbDoc，并自动打开 PCB 印制板设计界面，该 PCB 文件进入编辑状态，如图 2-18 所示。

此时的设计工程仍然是 PCB_Project5.PrjPcb。不过和原理图设计界面不同，在右上角将显示 PCB 的选择项，单击该选项后正式进入 PCB 文件的编辑状态。

2.3.5　在工程文件中新建 PCB 封装库文件

在进行 PCB 设计时使用的是元件封装库。没有元件封装库元件将不会出现，如果从原理图转换为 PCB 时，则只会出现元件名称而没有元件的外形封装。

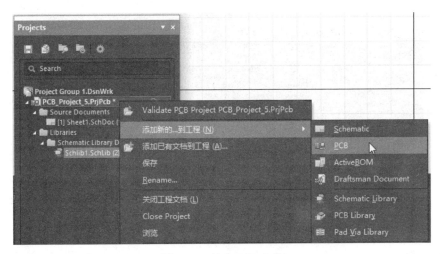

图 2-17 新建 PCB 文件

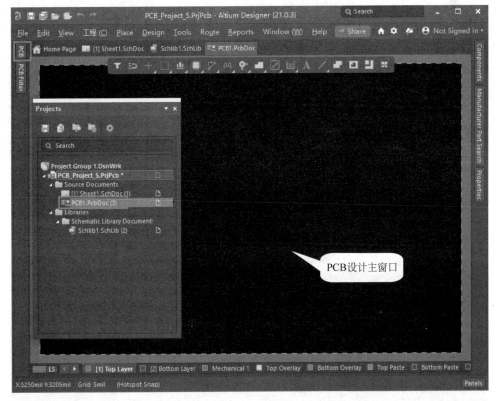

图 2-18 PCB 设计界面

操作步骤如下。

(1) 在工程文件 PCB_Project5.PrjPcb 上右击,在弹出的快捷菜单中选择"添加新的...到工程"→PCB Library(印制板库)命令,如图 2-19 所示。

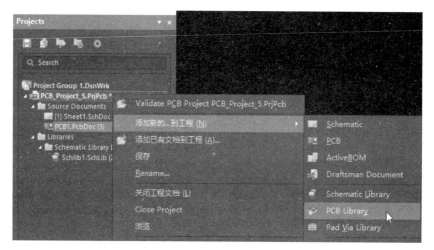

图 2-19　PCB 库文件新建菜单

（2）在 PCB_Project5.PrjPcb 工程中新建一个 PCB 库文件后，该文件将显示在 PCB_Project5.PrjPcb 工程文件中，被命名为 PCBLibl.PcbLib，并自动打开 PCB 库文件设计界面，该 PCB 库文件进入编辑状态，如图 2-20 所示。

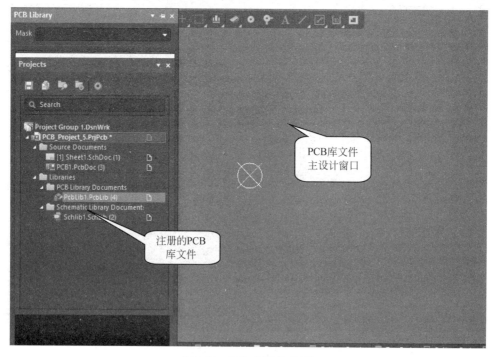

图 2-20　PCB 库设计界面

Altium Designer 21 中的常见设计界面至此已经介绍完毕，它们都有一个共同的组成，即菜单、工具栏、工作面板和工作窗口。随着设计内容的不同，组成部分将会有所不同，详细的内容将在以后的其他项目中介绍。

项目自测题

（1）Altium Designer 21 的文件结构如何？

（2）Altium Designer 21 的单个文件的后缀名是怎样的？

（3）Altium Designer 21 的文件系统包含哪些？

（4）Altium Designer 21 的工程文件和单个文件的建立方法是怎样的？

（5）上机操作：读者自己建立一个工程文件，并在工程文件中建立单个文件。

项目 2 自测题自由练习

项目 **3**

原理图编辑器的操作

项目描述

本项目分 10 个任务介绍原理图的编辑器环境和相关操作,在本项目中首先简介电路图设计过程,然后依次讲述电路图设计系统、原理图图纸设置、原理图的模板设计、原理图的注释、打印等内容。

项目导学

本项目介绍原理图设计的环境,介绍原理图设计的一些前期工作。学习后应达到以下要求。

(1)了解原理图的组成。

(2)了解原理图的总体设计流程。

(3)熟悉原理图设计界面。

(4)掌握原理图图纸设置的要点。

(5)掌握原理图中的视图和编辑操作。

3.1 原理图的设计过程和原理图的组成

3.1.1 原理图的设计过程

在进行原理图的设计时一般可按下面过程来完成。

(1)设计图纸大小。在进入 Altium Designer 21 Schematic(原理图)编辑环境后,首先要构思零件图,设计好图纸大小。图纸大小是根据电路图的规模和复杂程度而定的,设置合适的图纸大小是设计原理图的第一步。

(2)设置 Altium Designer 21 Schematic(原理图)的设计环境,设置好格点大小、光标类型等参数。

(3)放置元件。用户根据电路图的需要,将元件从元件库里取出放置到图纸上,并对放置元件的序号、元件封装进行定义。

(4)原理图布线。利用 Altium Designer 21 Schematic(原理图)提供的各种工具,将图纸上的元件用具有电气意义的导线、符号连接起来,构成一个完整的原理图。

(5)调整线路。将绘制好的电路图作调整和修改,使得原理图布局更加合理。

(6)报表输出。通过 Altium Designer 21 Schematic(原理图)的报表输出工具生成各种报表,最重要的网络表。只是现在不需单独生成网络表,也可以实现与 PCB 的转换。

(7) 文件保存并打印。将已经设计好的原理图保存并打印。

3.1.2　原理图的组成

在设计原理图前首先要弄清楚原理图是如何组成的。

原理图是印制电路板在设计原理上的表现,在原理图上用符号表示了所有的 PCB 的组成部分。图 3-1 所示为 Altium Designer 绘制电路原理图示例。

下面以图 3-1 为例来分析原理图的构成。

1. 元件

在 Altium Designer 21 的原理图设计中,元件将以元件符号的形式出现,元件符号主要由元件管脚和边框组成。

2. 铜箔

在 Altium Designer 21 的原理图设计中,铜箔分别有以下几种表示方式。

(1) 导线。原理图设计中导线也有自己的符号,它将以线段的形式出现。在 Altium Designer 21 中还提供了总线用于表示一组信号,它在 PCB 上将对应一组铜箔组成的实际导线。如图 3-2 所示为在原理图中采用的一根导线,该导线有线宽的属性,但是这里导线的线宽只是原理图中的线宽,并不是实际 PCB 上的导线宽度。

(2) 焊盘。元件的管脚将对应 PCB 上的焊盘。

(3) 过孔。原理图上不涉及 PCB 的走线,因此没有过孔。

(4) 覆铜。原理图上不涉及 PCB 的覆铜。

3. 丝印层

丝印层是 PCB 上元件的说明文字,包括元件的型号、标称值等各种参数,在原理图的丝印层上的标注对应的是元件的说明文字。

4. 端口

在 Altium Designer 21 的原理图编辑器中引入的端口不是平时所说的硬件端口,而是为了在多张原理图之间建立电气连接而引入的具有电气特性的符号。图 3-3 所示为其他原理图中采用的一个端口,该端口将可以和其他原理图中同名的端口建立一个跨原理图的电气连接。

5. 网络标号

网络标号和端口功能相似,通过网络标号也可以建立电气连接。图 3-4 所示为一个原理图中采用的一个网络标号,在该图中如果在不同地方出现了两个网络标号 TXA,则这两个 TXA 所代表的电路具有电气连接。在原理图中网络标号必须附加在导线、总线或者元件管脚上。在今后的原理图绘制中将会有网络标号的存在。

6. 电源符号

这里的电源符号只是标注原理图上的电源网络,并非实际的供电器件。如图 3-5 所示为在原理图中采用的一个电源符号,通过导线和该电源符号连接的管脚将处于名称为 VCC 或者 GND 的电源网络中。

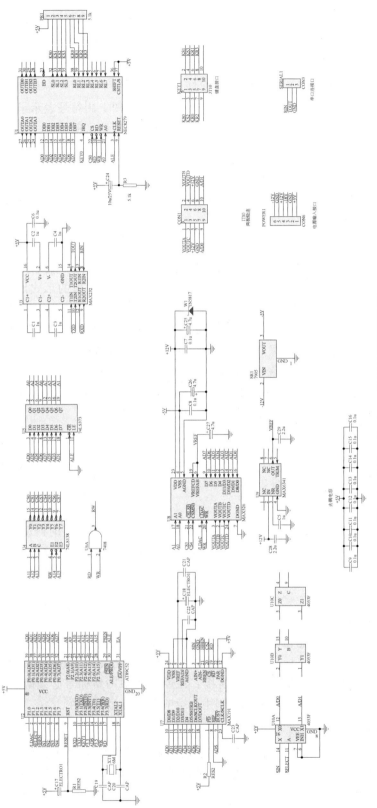

图 3-1 Altium Designer 绘制的原理图示例

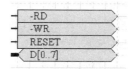

图 3-2　原理图中的导线　　　　　　图 3-3　原理图中使用的端口

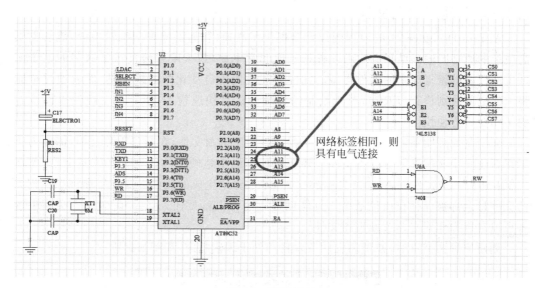

图 3-4　网络标号

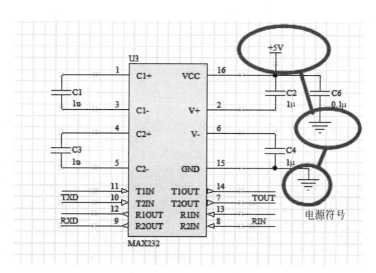

图 3-5　原理图中使用的电源符号

综上所述,绘制的 Altium Designer 21 原理图由各种元件组成,它们通过导线建立电气连接。在原理图上除了有元件之外,还有一系列其他组成部分帮助建立起正确的电气连接,整个原理图能够和实际的 PCB 对应起来。

注意：原理图作为一张图，它是绘制在原理图图纸上的，其组成全部是符号，而没有涉及实物，因此原理图上没有任何的尺寸概念。原理图最重要的用途就是为 PCB 设计提供元件信息和网络信息，并帮助设计者更好地理解设计原理。

3.2 Altium Designer 21 原理图文件及原理图工作环境

3.2.1 创建原理图文件

Altium Designer 21 的原理图设计器提供了高速、智能的原理图编辑手段，能够提供高质量的原理图输出结果。它的元件符号库非常丰富，最大限度地覆盖了众多的电子元件生产厂家的繁复庞杂的元件类型。元件的连线使用自动化的画线工具，然后通过功能强大的电气法则检查（ERC），对所绘制的原理图进行快速检查，所有这一切使得设计者的工作变得方便快捷。

在绘制原理图前需要先建立一个工程文件和原理图文件，在新建工程之前，需要为该工程新建一个文件夹。可以将文件夹建立在计算机本地硬盘的任意一个位置上，比如在 F 盘上建立一个文件夹 Altium Designer 21，本任务中生成的文件以及今后和该工程相关的文件将全部被保存在该目录中。具体创建方法可以参见任务 2.2，在本任务实施中读者可以自行操作建立一个原理图文件。

创建原理图文件后，原理图设计窗口自动处于编辑状态，如图 3-6 所示。

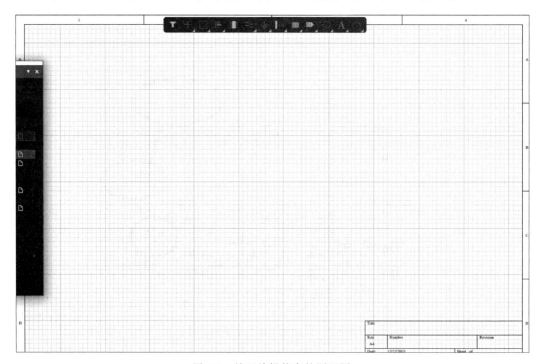

图 3-6　处于编辑状态的原理图

3.2.2　原理图的主菜单

原理图设计的界面包括四个部分,分别是主菜单、主工具栏、左边的工作面板和右边的工作窗口,其中的主菜单如图 3-7 所示。

文件 (F)　编辑 (E)　视图 (V)　工程 (C)　放置 (P)　设计 (D)　工具 (T)　报告 (R)　Window (W)　帮助 (H)

图 3-7　原理图设计界面中的主菜单

在主菜单中,可以找到所有绘制新原理图所需要的操作,具体如下。

(1) 文件。文件主要用于文件相关操作,包括新建、打开、保存等功能,如图 3-8 所示。

(2) 编辑。编辑用于完成各种编辑类操作,包括撤销/恢复操作、选取/取消对象选取、复制、粘贴、剪切、移动、排列、查找文本等功能,如图 3-9 所示。

图 3-8　文件菜单　　　　　图 3-9　编辑菜单

(3) 视图。视图用于视图相关操作,包括工作窗口的放大/缩小、打开/关闭工具栏、显示格点、工作区面板、桌面布局等功能,如图 3-10 所示。

(4) 工程。工程用于完成工程相关的操作,包括新建工程、打开工程、关闭工程等文件操作,此外,还有工程比较、在工程中增加文件、增加工程、删除工程等操作,如图 3-11 所示。

图 3-10　视图菜单

图 3-11　工程菜单

（5）放置。放置用于放置原理图中的各种电气元件符号和注释符号，如图 3-12 所示。

（6）设计。设计用于对元件库进行操作，以及生成网络报表、层次原理图设计等操作，如图 3-13 所示。

图 3-12　放置菜单

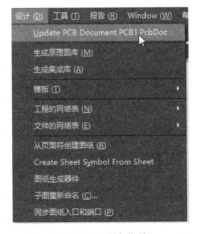

图 3-13　设计菜单

(7) 工具。工具为设计者提供各种工具,包括元件快速定位、原理图元件标号注解、信号完整性等,如图 3-14 所示。

(8) 报告。报告用于产生原理图中的各种报表,如图 3-15 所示。

(9) Window。Window 用于改变窗口显示方式,切换窗口,如图 3-16 所示。

图 3-14 工具菜单

图 3-15 报告菜单

图 3-16 Window 窗口

(10) 帮助。帮助可实现工具使用、功能等的查询。

以上主菜单的具体应用,我们会在 PCB 设计的例子中进行较为详细的介绍。

3.2.3 原理图中的主工具栏

在原理图设计界面中提供了齐全的工具栏,其中绘制原理图包括以下常用的工具栏。

(1)"原理图标准"工具栏。该栏提供了常用的文件操作、视图操作和编辑功能操作等工具,该工具栏如图 3-17 所示,将鼠标指针放置在图标上会显示该图标对应的功能。

(2)"画线"工具栏:该栏中列出了建立原理图所需要的导线、总线、连接端口等工具,该工具栏如图 3-18 所示。

图 3-17 标准工具栏

图 3-18 画线工具栏

(3)"画图"工具栏:该栏中列出了常用的绘图和文字工具等工具,该工具栏如图 3-19 所示。

注意:通过主菜单中"视图"菜单的操作可以很方便地打开或关闭工具栏。选择"视图"→"工具栏",然后单击来选中或取消选中如图 3-20 所示的各复选菜单项即可,打开的工具栏将有一个"√"显示。

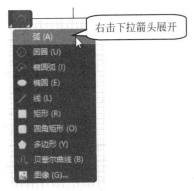

图 3-19　画图工具栏

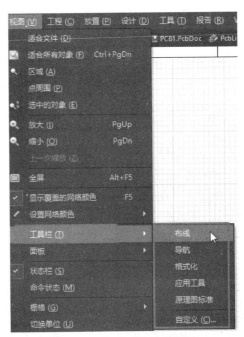

图 3-20　打开或关闭工具栏

3.2.4　原理图的工作面板

在原理图设计中经常要用到的工作面板有以下三个。

（1）Projects（工程）面板。如图 3-21 所示，在该面板中列出了当前打开工程的文件列表以及所有的临时文件。在该面板中提供了所有有关工程的功能，即可以方便地打开、关闭和新建各种文件，还可以在工程中导入文件、比较工程中的文件等。

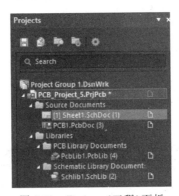

图 3-21　Projects（工程）面板

（2）Components 面板。如图 3-22 所示，在该面板中可以浏览当前加载了的所有元件库，通过该面板可以在原理图上放置元件，此外还可以对元件的封装、SPICE 模型和 SI 模型进行预览。

（3）Navigator（导航）面板。该面板在分析和编译原理图后能够提供原理图的所有信息，通常用于检查原理图。

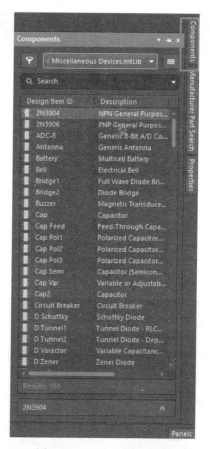

图 3-22　components 面板

3.3　原理图的图纸设置

3.3.1　默认的原理图窗口

在新建立一个原理图文件后,已经出现了一个默认的原理图编辑窗口,如图 3-23 所示。在该窗口中有很多区域,图中所标示的区域,都是要经常使用的。

3.3.2　默认图纸的设置

如图 3-23 所示为新建立的一个原理图后的默认环境,可以更改这个环境中的原理图的图纸的大小,也可以修改窗口右下角原理图的默认的设计信息区域。

3.3.3　自定义图纸格式

除了可以直接使用标准图纸之外,设计者可以使用自定义的图纸。有关自定义图纸的内容如图 3-24 所示。

定义图纸的步骤如下。

(1) 选中"properties 类型",找到 Page Options 选项区,进行图纸大小的设置,其中有三个选项,如图 3-24 中的长方框所示。

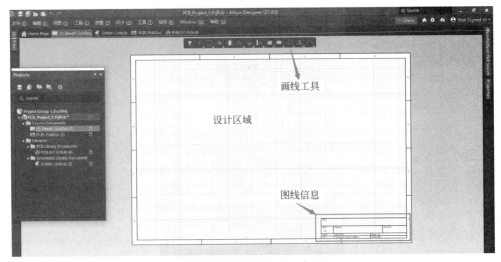

图 3-23　原理图的默认窗口

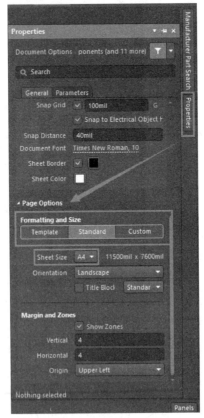

图 3-24　定义图纸的设置

（2）在随后的内容中输入对应数值，定义想要的图纸。

其中，Formatting and Size 表示格式和尺寸，Standard 指标准格式和尺寸，Sheet Size 指图纸尺寸。

3.4 任务：设置原理图的图纸

3.4.1 进入原理图的参数设置

可以按照以下方法对原理图进行设置。

方法 1：可以在图 3-24 所示的原理图区域中右击，在弹出的快捷菜单中选择"原理图优先项"命令可以启动原理图设置的窗口，如图 3-25 所示。

方法 2：在主菜单选择"工具"→"原理图优先项"命令，同样可以启动原理图的图纸设置，如图 3-26 所示。

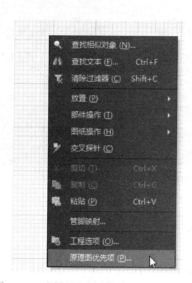

图 3-25 选择"原理图优先项(P)…"命令

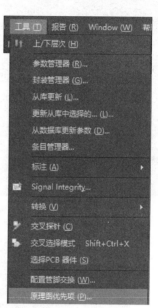

图 3-26 通过主菜单选择"原理图优先项(P)…"命令

两种方法都可以启动原理图的设置对话框。图 3-27 为原理图的默认图纸设置对话框，在该对话框中可以设置图纸的各项参数。

注意：按照这种方式进行图纸设置可以选择模板，但不如图 3-24 所示的图纸设置方式灵活，可以有三种方式进行图纸设置。

3.4.2 设置图纸的基本选项

设置图纸参数的具体操作如下。

（1）图纸参数设置。如图 3-24 所示单击选中 Parameters 选项卡，在该选项卡中可以设置图纸的参数选项，如图 3-28 所示。

（2）在对话框中拖动右侧的滚动条，可以发现有更多设置选项，其中，常用的包括如下选项。

- Address：绘制该原理图的公司或者个人的地址。
- ApprovedBy：原理图的核实者。

设置原理图的图纸

图 3-27 图纸设置对话框

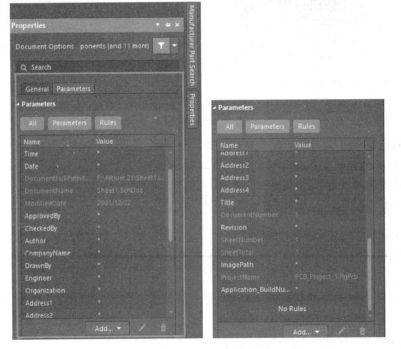

图 3-28 设置图纸参数选项

- Author：该原理图的作者。
- CheckedBy：该原理图的检查者。
- CompanyName：该原理图所属公司。
- CurrentDate：绘制原理图的日期。
- CurrentTime：绘制原理图的时间。
- DocumentName：该文档的名称。
- SheetNumber：该原理图在整个设计工程所有原理图中的编号。
- SheetTotal：整个工程拥有的原理图数目。
- Title：该原理图的名称。

由窗口中的列表框可见，Altium Designer 21 使得设计者可以更加方便地管理原理图，整个软件的功能变得更加完善。

3.4.3　增加图纸信息区域信息

在图纸信息区域中增加设计信息的步骤如下。

（1）在标准设置基础上增加一些图纸的设计信息，如图 3-29 所示，其中输入了作者、日期、图纸标题 Title(输入"显示电路")，可以拖动滚动条在 Title 处输入标题，如图 3-30 所示。

图 3-29　增加一些图纸信息

图 3-30　输入标题 Title

（2）单击"确定"按钮。

（3）在窗口右下角显示相关的设计信息。如显示设计者和图纸的标题，可在主菜单中选择"放置"→"文本字符串"命令。

（4）出现如图 3-31 所示的光标带着一串文字。

（5）按 Tab 键，弹出 Parameters 选项卡，在该对话框 Properties 选项区中单击 Text 下拉按钮选择"＝Author"选项，如图 3-32 所示。

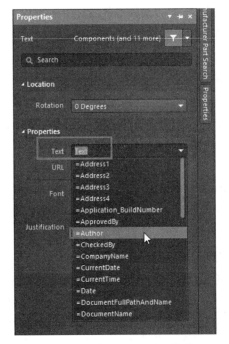

图 3-31 带着文字的光标   图 3-32 选择"＝Author"选项

（6）然后移动鼠标，鼠标指针处带着选择的文字设计者"陈学平"，将其移动到如图 3-33
所示的位置中单击，完成放置，然后右击，结束放置。

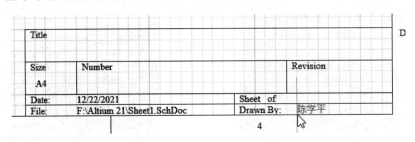

图 3-33 放置设计者信息

（7）重复上面的步骤（3）、步骤（4），然后选择"＝Title"选项，移动鼠标，鼠标指针处带
着选择的文字"显示电路"，将其移动到如图 3-34 所示的位置中单击，完成放置，然后右
击，结束放置。

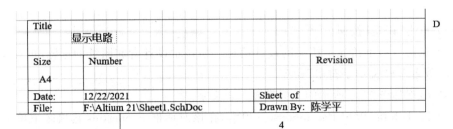

图 3-34 放置图纸信息区域内容后的标题

（8）经过上面的操作步骤，完成了图纸相关信息的设置，如设计者、图纸的标题、图纸的设计日期等。

3.5　任务：制作原理图图纸的信息区域模板并进行调用

Altium Designer 提供了大量的原理图的图纸模板供用户调用，这些模板存放在 Altium Designer 安装目录下的 Templates 子目录里，用户可根据实际情况调用。但是针对特定的用户，这些通用的模版常常无法满足图纸需求，Altium Designer 提供了自定义模板的功能，本任务将介绍原理图设计信息区域模板的创建和调用方式。

3.5.1　创建原理图图纸模板

创建原理图图纸模板，需要在前面介绍的设置图纸信息区域的知识基础上来进行。

下面将通过创建一个纸型为 16 开的文档模板的实例，介绍如何自定义原理图图纸模板，以及如何调用原理图图纸参数。

（1）单击工具栏选择"文件"→"新的"→"原理图"命令，建立一个空白原理图文件。

（2）单击选中 parameters 选项卡，进行图纸的相关设置，如图 3-35 所示。

（3）在进行图纸选项设置时，可以设置图纸的单位 Units 为 mm 或 mils，如图 3-36 所示。

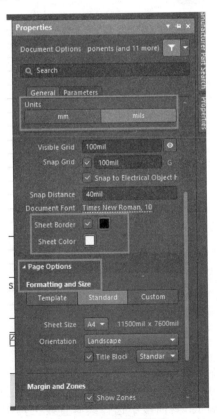

图 3-35　图纸选项设置

图 3-36　设置原理图图纸中使用的长度单位为毫米

（4）接下来滚动鼠标往下可选择图纸大小，单击选中 Custom 选项卡，然后输入相应的值，如图 3-37 所示，单击"确定"按钮。

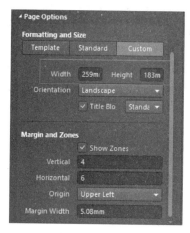

图 3-37   定制图纸相关参数

（5）通过以上步骤，创建了一个如图 3-38 所示的空白图纸。

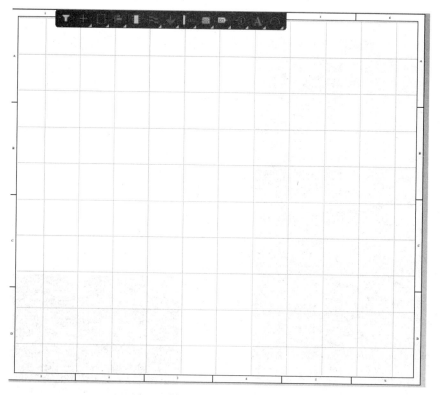

图 3-38   空白图纸

（6）单击工具栏中的"绘图"工具按钮，在弹出的工具面板中选择绘制直线工具按钮（/），按 Tab 键，打开直线属性对话框，然后设置直线的颜色为黑色。

（7）在图纸的右下角绘制如图 3-39 所示的图纸信息区域栏边框。

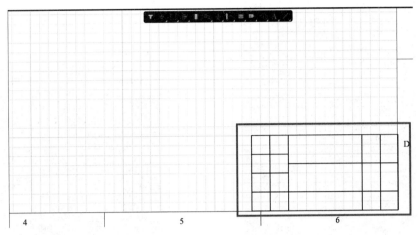

图 3-39　绘制图纸信息区域栏边框

（8）设置图纸的格点为 10mil，如图 3-40 所示。设置格点的目的是为了方便移动放置的文字。

（9）单击主菜单选择"放置"→"A 文本字符串"命令，按 Tab 键，选中"属性"选项卡，然后设置文字的颜色、字体、字形、大小，并输入文字的内容，单击"确定"按钮。将"设计"两个字放好，再次按 Tab 键，选中"属性"选项卡，设置字体，并稍加修改布局，按照如图 3-41 所示，添加文字。

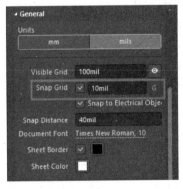

图 3-40　设置格点

图 3-41　添加文字

（10）在 parameters 选项卡中设置作者为陈学平，如图 3-42 所示。

（11）单击工具栏中的"绘图"工具按钮，在弹出的工具面板中选择添加放置文本按钮 A，按 Tab 键，选中"属性"选项卡，然后单击属性选项区中的文本下拉按钮选择＝Author 选项，如图 3-43 所示，并单击"确定"按钮。

（12）重复步骤（11）选择所需的变量，结果如图 3-44 所示。

（13）单击"保存"按钮，在弹出的保存对话框中设置文件的后缀名为.SchDot，单击"保存"按钮。如图 3-45 所示。

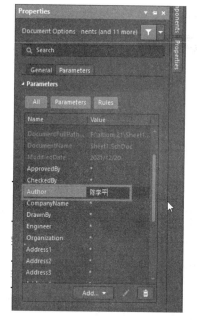

图 3-42 输入参数值

图 3-43 选择＝Author 选项

图 3-44 绘制成的结果

图 3-45 保存文件

3.5.2　调用已经创建的原理图图纸模板

在 3.5.1 小节中介绍了原理图图纸模板的制作方法,制作好后在设计原理图时,图纸信息区域部分就可以进行调用了。

本小节详细介绍模板文件的调用方法。

(1) 在主菜单中选择"文件"→"新的"→"原理图"命令,新建一个空白原理图文件。在调用新的原理图图纸模板之前,应首先要删除旧的原理图图纸模板。

(2) 在主菜单中选择"设计"→"模板"→"移除当前模板"命令,如图 3-46 所示,然后打开如图 3-47 所示的 Remove Template Graphics 对话框。

图 3-46　移除模板

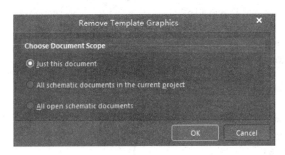

图 3-47　Remove Template Graphics 对话框

(3) 选中 Just this document 单选按钮,单击 OK 按钮,弹出如图 3-48 所示的 Information 对话框,要求用户确认移除原理图图纸模板的操作。

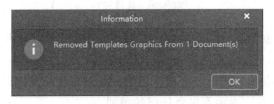

图 3-48　Information 对话框

（4）单击 Information 对话框中的 OK 按钮，确认操作。

（5）选择主菜单中的"设计"→"通用模板"→Choose a File...命令，如图 3-49 所示，打开"打开"对话框，选择 3.4.3 小节中创建的原理图图纸模板文件 Sheet1.SchDot，如图 3-50 所示，再单击"打开"按钮，打开如图 3-51 所示的"更新模板"对话框。

图 3-49　选择模板文件

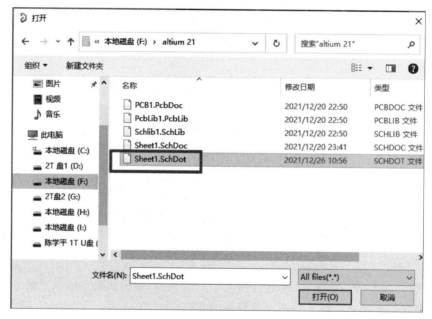

图 3-50　选择模板

　　"更新模板"对话框中的"选择文档范围"选项区中的三个选项与"移除模板"对话框中的三个选项相同，表示更新原理图图纸模板的对象。

　　"选择参数作用"选项区内的三个选项用于设置对参数的操作，其意义如下。

　　① 不更新任何参数。表示不更新任何的参数。

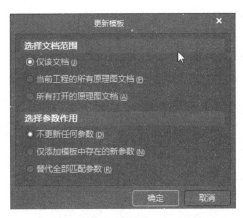

图 3-51　"更新模板"对话框

② 仅添加模板中存在的新参数。表示将原理图图纸模板中的新定义的参数添加到调用原理图图纸模板的文件中。

③ 替代全部匹配参数。表示用原理图图纸模板中的参数替换当前文件的对应参数。

在如图 3-51 所示的"更新模板"对话框中,选中"仅该文档"单选按钮和"替代全部匹配参数"单选按钮,单击"确定"按钮,出现一个提示对话框,如图 3-52 所示。再次单击 OK 按钮,然后就调出了原理图图纸模板,如图 3-53 所示。

图 3-52　提示选择了一个模板

设计	陈学平	标题		图号	
审核	陈学平				
工艺	陈学平	公司			
日期	2021/12/26	作者	陈学平		

图 3-53　更新模板后的原理图图纸

（6）调用的原理图图纸模板与 3.4.3 小节建立原理图图纸信息区域的格式完全相同。注意,"日期"这一栏的内容是计算机的系统日期。

3.6　原理图视图操作

视图操作主要包括以下几项内容。

（1）工作窗口中内容的缩放。

（2）工作窗口的刷新。

（3）工具栏和工作面板的打开/关闭。

（4）状态信息显示栏的打开/关闭。

（5）图纸的格点设置。

（6）工作区面板设置。

（7）桌面布局设置。

各项操作中最常用的是对工作窗口中内容的缩放。通过选择"视图"菜单中的选项可以实现功能不同的工作窗口操作。

3.6.1　缩放原理图中的工作窗口

1. 在工作窗口中显示选择的内容

该操作包括在工作窗口中显示所有文档、所有元件（工程）、选定的区域、选择的工程（元件）、选择的格点周围等。

（1）适合文件。在工作窗口显示当前的整个原理图。

（2）适合所有对象。在工作窗口显示当前原理图上所有的元件。

（3）区域。在工作窗口中显示一个区域。具体的操作为：选择"视图"→"区域"命令，指针将变成十字形状显示在工作窗口中；在工作窗口中单击确定区域的一个顶点，然后移动鼠标确定区域的对角顶点后可以确定一个区域；再在工作窗口中单击则将显示刚才选择的区域。

（4）选中的对象。选中一个元件后，选择"视图"→"选中的对象"命令，将在工作窗口中心显示该元件。

（5）点周围。在工作窗口显示一个坐标点附近的区域。具体操作为：选择"视图"→"点周围"命令，指针将变成十字形状显示在工作窗口中，移动鼠标到想要显示的点，在工作窗口中单击后移动鼠标，将显示一个以该点为中心的虚线框，确定虚线框后，再在工作窗口中单击将显示虚线框所包含的范围。

（6）全屏。它是指将原理图在整个 Altium Designer 21 的设计窗口中显示。

2. 显示比例的缩放

该类操作包括放大和缩小显示原理图，它们一起构成了"视图"菜单的第二部分。

（1）缩小。缩小显示比例，工作窗口有更大范围的显示。

（2）放大。放大显示比例，工作窗口有较小范围的显示。

总之，Altium Designer 21 提供了强大的视图操作，通过视图操作，设计者可以观察原理图的整体和细节，并方便地在整体和细节之间切换。通过对视图的控制，设计者可以更加轻松地绘制和编辑原理图。

3.6.2　刷新视图和开关工具栏、工作面板和状态栏

1. 开关工具栏和工作面板

工具条、工作区面板和桌面布局这几个子菜单，都是位于主菜单"视图"这个菜单中，将鼠标指针移动到"视图"菜单上就会找到这几个子菜单，将鼠标指针再移动到这几个子菜单上，就会显示第三级子菜单。

注意：工具栏中下级菜单的中的符号"√"表示显示该工具栏，如果单击取消选中该菜单项，则符号"√"消除表示关闭该工具栏。

2. 开和关状态信息显示栏

在 Altium Designer 21 中有坐标显示和系统当前状态显示功能，它们位于 Altium

Designer 21 窗口的底部,通过"视图"菜单下"状态栏"菜单项和"命令状态"菜单项可以设置是否显示它们,默认的设置是显示坐标,而不显示系统当前状态。

3.6.3　设置图纸的格点

在"视图"菜单中也可以设置图纸的格点,如图 3-54 所示。

图 3-54　图纸的格点设置

以下是对格点常用的 3 项设置。

(1)切换可视栅格:是否显示/隐藏格点。

(2)切换电气栅格:电气格点设置是否有效。

(3)设置捕捉栅格:设置格点间距。选择该命令将弹出如图 3-55 所示的对话框,在该对话框中可以设置格点间距。

图 3-55　设置格点间距

3.7　任务:编辑操作原理图中的对象

原理图中有很多对象,构成原理图的每个符号都是原理图的对象,在本任务中将介绍对原理图的对象的选择、移动、复制、粘贴等操作。

Altium Designer 21 的编辑对象是指放置的元件、导线、元件的说明文字以及其他各种原理图的组成内容。可以对以上编辑对象进行选择、移动、删除、复制、粘贴、剪切,除了以上的编辑操作,Altium Designer 21 还提供了对对象的对齐操作,使得原理图更加的美观。综上所述,元件的编辑操作可以分为以下几类。

(1)对象的选择。

(2)对象的移动和对齐,该类操作主要是为了让原理图更加美观。

(3)对象的删除、复制、剪切和粘贴。

(4)操作的撤销和恢复。

(5)相似对象的搜索。

原理图中的编辑操作都可以通过"编辑"菜单执行。本节介绍的编辑操作的对象主要以元件为例。

3.7.1　选择原理图中的对象

在原理图上对单个对象的选取非常简单,只需要在工作窗口中在该对象上单击即可选中。元件的选中状态如图 3-56 所示。元件被选中后,元件周围有个绿色的框线。

除了对单个元件的选择,Altium Designer 21 中还提供了一些别的元件选择方式。它们在"编辑"菜单中的"选择"子菜单的下级菜单中列举了出来,如图 3-57 所示。

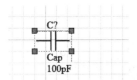

图 3-56　元件被选中的状态

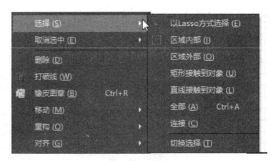

图 3-57　级联菜单

1. 选择一个区域内的所有对象

该操作通过单击来选中如图 3-57 所示的"区域内部"菜单项来完成。

操作步骤如下。

(1) 单击来选中该菜单项,鼠标指针将变成十字形状显示在工作窗口中。

(2) 在工作窗口中单击以确定区域的一个顶点,然后移动鼠标,在工作窗口中将显示一个虚线框,该虚线框就是将要确定的区域。

(3) 然后在工作窗口中再单击以确定区域的对角顶点,此时在区域内的对象将全部处于选中状态。在执行该操作时,在窗口中右击或者按 Esc 键将退出该操作。

图 3-58 所示是通过单击来选中"编辑"→"选择"→"区域内部"后,然后用鼠标拖动选择部分元件的结果。

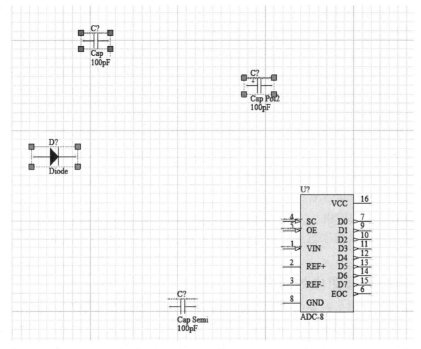

图 3-58　选择一个区域内的所有对象

2. 选择一个区域外的所有对象

该操作通过单击来选中如图 3-57 所示菜单中的"区域外部"菜单项来完成,具体步骤和选择一个区域内的所有对象操作相同,但该操作的结果是区域外的其他所有对象全部被选中。如图 3-59 所示为该操作的执行过程,我们选择的是元件"D?",结果反而选择了除元件"D?"区域外的其他元件对象。

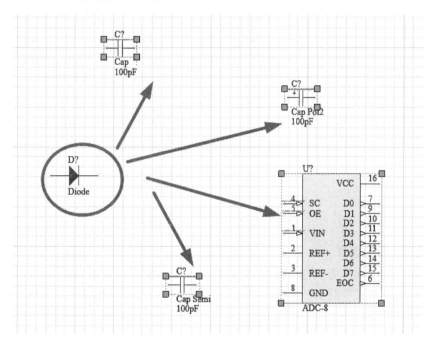

图 3-59　选择一个区域外的所有对象

3. 选择原理图上的所有对象

该操作通过单击选择如图 3-57 所示菜单中的"全部"菜单项来完成。

4. 选择一个连接上的所有导线

该操作通过单击来选中如图 3-57 所示菜单中的"连接"菜单项来完成。具体的操作步骤如下。

(1) 单击选中该菜单项,鼠标指针变成十字形状并显示在工作窗口中。

(2) 将鼠标指针移动到某个连接的导线上,单击。

(3) 该连接上所有的导线都被选中,并高亮地显示出来。同时元件也会被特殊地标示出来。

如图 3-60 所示为导线选中状态。

5. 反转对象的选中状态

该操作通过单击选择如图 3-57 所示菜单中的"切换选择"菜单项来完成。通过该操作,用户可以转换对象的选中状态,即将选中对象变成取消选中该对象,将取消选中的对象变为选中的状态。

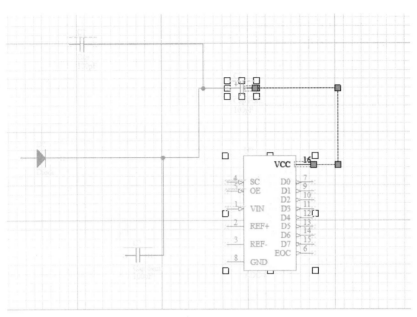

图 3-60   选择一个连接上的所有导线

6. 取消对象的选择

在工作窗口中如果有被选中对象,此时在工作窗口的空白处单击鼠标,可以取消对当前所有选中对象的选中状态。如果当前有多个对象被选中而只想取消其中单个对象的选中状态,此时将鼠标指针移动到该对象上单击即可取消对该对象的选择,而保持其他对象仍处于选中状态。

3.7.2   删除原理图中的对象

在 Altium Designer 21 中可以直接删除对象,也可以通过菜单删除对象。具体操作方法如下。

1. 直接删除对象

在工作窗口中选择对象后,按 Delete 键可以直接删除选择的对象。

2. 通过菜单删除对象

(1) 单击选择→"编辑"→"删除"命令,鼠标指针将变成十字形状出现在工作窗口中。

(2) 移动鼠标,在想要删除的对象上单击,该对象即被删除。

(3) 此时鼠标指针仍为十字形状,可以重复步骤(2)继续删除其他对象。

(4) 完成对象删除后,在工作窗口中右击或者按 Esc 键退出该操作。

3.7.3   移动原理图中的对象

选择对象后直接移动,就可以执行移动操作了,也可以通过工具栏按钮执行,具体操作如下。

1. 直接移动对象

选中想要移动的对象后,将鼠标指针移动到该对象上,当鼠标指针变成移动形状后,单击同时拖动鼠标,如图 3-61 所示,选中的对象将随着鼠标指针移动,移动到合适的位置后,松开鼠标左键,对象移动完成。完成移动操作后,对象仍会处于选中状态。

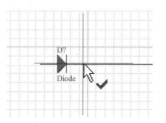

图 3-61 对象的移动

2. 使用工具栏按钮移动对象

常用的方法是使用工具栏按钮移动对象,操作如下。

(1)选择想要移动的对象。

(2)单击工具栏上的  按钮,鼠标指针将变成十字形状。移动鼠标指针到选中的对象上,单击并拖动鼠标,元件将随着鼠标指针移动。

(3)移动鼠标指针到目的位置,再单击,完成对象的移动。

此外,还可以在选择元件后,选择"编辑"→"移动"命令进行对象移动操作。

在移动的过程中,如在选择对象时同时选中的是多个元件,即可完成多个元件的同时移动。

在使用工具移动对象的过程中,右击或者按 ESC 键可以退出对对象的移动操作。

注意:移动元件的目的是为了连线方便,在绘制原理图中需要对部分元件进行移动,并对元件的标注进行适当地位置调整。

3.7.4 原理图对象操作后的撤销和恢复

在 Altium Designer 21 中可以撤销刚执行的操作。例如,如果用户误操作删除了某些对象,单击选择"编辑"→Undo 命令或者单击工具栏中的 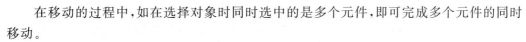 按钮,即可撤销刚才的删除操作。但是,操作的撤销不能无限制地执行,如果已经对操作进行了存盘,用户将不可以撤销存盘之前的操作。

操作的恢复是指操作撤销后,用户可以取消撤销,恢复刚才的操作。该操作可以通过选择"编辑"→Nothing to Redo 命令或者单击工具栏中的  按钮即可。

3.7.5 原理图对象的复制、剪切和普通粘贴

1. 对象的复制

在工作窗口选中对象后即可复制该对象。单击选择"编辑"→"拷贝"命令,鼠标指针将变成十字形状出现在工作窗口中。移动鼠标指针到选中的对象上,单击即可以将选择的对象复制。此时对象仍处于选中状态。对象被复制后,复制内容将保存在 Windows 的剪贴板中。

2. 对象的剪切

在工作窗口选中对象后即可剪切该对象。选择"编辑"→"剪切"命令,鼠标指针将变成十字形状显示在工作窗口中。移动鼠标指针到选中的对象上,单击即可完成对象的剪切。此时工作窗口中该对象被删除,但该对象将被保存在 Windows 的剪贴板中。

3. 对象的粘贴

在完成对象的复制或者剪切后,Windows 的剪贴板中已经有所复制或剪切的对象,此时可以执行粘贴操作。操作步骤如下。

（1）复制/剪切某个对象,这时 Windows 的剪贴板中会保存该对象。

（2）选择"编辑"→"粘贴"命令,鼠标指针将变成十字形状并附带着剪贴板中的对象出现在工作窗口中。

（3）移动鼠标指针到合适的位置,单击,剪贴板中的内容将被放置在原理图上,被粘贴的内容和复制/剪切的对象完全一样,它们具有相同的属性。

（4）在工作窗口中右击或者按 Esc 键,即可退出对该对象的粘贴操作。

3.7.6　原理图对象的阵列粘贴

在原理图中,某些相同元件可能有很多个,如电阻、电容等,它们具有大致相同的属性,如果一个个地放置它们,并设置它们的属性,工作量会很大。Altium Designer 21 提供了阵列粘贴功能,大大地方便了设计人员。该操作通过选择"编辑"→"灵巧粘贴…"命令完成。具体的操作步骤如下。

（1）复制或剪切某个对象,将其放到 Windows 的剪贴板中。

（2）选择"编辑"→"智能粘贴…"命令,将弹出如图 3-62 所示的对话框,在该对话框中可以设置阵列粘贴的参数。

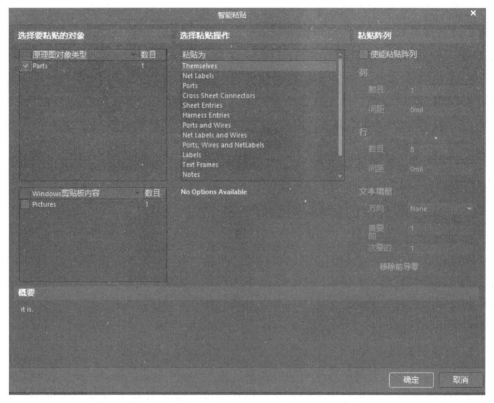

图 3-62　设置阵列粘贴参数

首先选中"粘贴阵列…"选项区域中的"使能粘贴阵列"的复选框,可以看到该选项区参数的一些默认设置。

其中该对话框中各项参数的意义如下。

① 列选项区参数的含义说明如下。
- 数目：在水平方向上排列的元件的数量。可以设置为默认值。
- 间距：元件在垂直方向上的元件之间的距离。可以设置为默认值。

② 行选项区各参数的含义说明如下。
- 间距：元件在垂直方向上的元件之间的距离。如果设置得过小，则元件在垂直方向上离得很近，还需要自己拖动分离，这个值越大，元件在垂直方向上的距离也越大。这里设置为 300，如图 3-63 所示。
- 数目：元件在垂直方向上排列的个数。如图 3-63 所示，这里设置为 3 个。

（3）单击"确定"按钮后，在原理图中移动鼠标到合适的位置，发现光标带着已经需要粘贴的元件，单击完成粘贴放置。放置的元件如图 3-64 所示。

图 3-63 设置放置的数目和距离

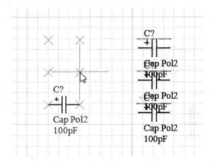

图 3-64 元件粘贴的结果

（4）元件粘贴完成后，同样可以选择窗口中的元件对象，然后双击该对象，即可以对该对象进行属性编辑操作。

3.7.7 将原理图中的元件对齐

原理图要美观，同时也要方便元件的布局及连接导线，为此，Altium Designer 21 提供了元件的排列和对齐功能。图 3-65 所示为"编辑"菜单中"对齐"菜单选项的下一级菜单，通过该菜单可以执行对齐操作。

通过元件对齐操作，可以对元件进行精确的定位。在原理图上的对齐操作有水平方向和垂直方向两种。下面具体地描述 Altium Designer 21 提供的对齐操作。

1. 水平方向上的对齐

水平方向上的对齐是指所有选中的元件垂直方向上坐标不变，而以水平方向上（左、右或者居中）的某个标准进行对齐。以水平方向左对齐为例，对齐操作的步骤如下。

（1）选中原理图中所有需要对齐的元件。

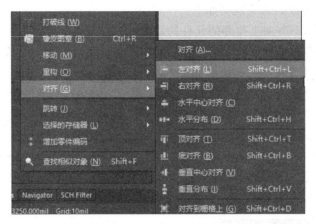

图 3-65　排列下级联菜单

（2）选择"编辑"→"对齐"→"左对齐"命令，此时元件仍处于选中状态。

（3）在空白处单击取消元件选择状态，完成对齐操作。此后用户可再自行调整。

2．垂直方向上的对齐

垂直方向上的对齐与水平方向上的对齐操作类似，即选择元件及对齐元件的操作方法相同。

3．同时在水平和垂直方向上对齐

除了单独的水平方向对齐和垂直方向对齐外，Altium Designer 21 还提供了同时在水平方向和垂直方向上的对齐操作功能。具体的操作步骤如下。

（1）选择需要对齐的元件。

（2）选择"编辑"→"对齐"→"对齐（A）"命令。

（3）弹出如图 3-66 所示的对话框。

（4）在该对话框中可同时设置水平方向和垂直方向上的对齐。其中，水平方向分为左对齐、右对齐、中对齐、分散对齐；而垂直方向分为顶部对齐、底部对齐、居中对齐、分散对齐。

（5）单击"确定"按钮，结束对齐操作。

图 3-66　水平和垂直方向对齐

3.8　对原理图进行注释

3.8.1　认识原理图的注释工具

对原理图的注释是通过原理图的绘图工具来实现的，本处只介绍一下原理图的画图工具，具体操作见任务实施部分。

原理图的注释大部分是通过"画图"工具栏执行的，该工具栏如图 3-67 所示。

各个按钮的意义如下。

／按钮：绘制直线。

⬡按钮：绘制不规则多边形。

〰按钮：绘制椭圆曲线。

♒按钮：绘制贝塞尔曲线。

A按钮：放置单行文字。

⬚按钮：放置区块文字。

▭按钮：放置矩形。

▢按钮：放置圆角矩形。

◯按钮：放置椭圆。

▧按钮：在原理图上粘贴图片。

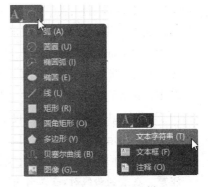

图 3-67　画图工具栏

3.8.2　在原理图上绘制直线和曲线

注意：直接在原理图中绘制的直线和曲线没有电气特性,只是起注释作用。

1. 绘制直线

单击画图工具栏上的／按钮即可开始绘制直线。

在绘制直线时,按 Tab 键,或者双击已经绘制好的直线,将弹出如图 3-68 所示的直线属性编辑对话框,在该对话框中可以设置直线的属性。其中各项的意义如下。

(1) line：直线宽度。Altium Designer 21 提供 Smallest、Small、Medium 和 Large 四种选择。

(2) line Style：直线类型。Altium Designer 21 提供 Solid(实线)、Dashed(虚线)和Dotted(点线)、dash dotted(虚线、点线结合)四种线形。

(3) 颜色选择按钮：单击可选择直线颜色。

2. 绘制曲线

Altium Designer 21 中提供了椭圆和贝塞尔两种曲线的绘制按钮。下面以绘制椭圆曲线的过程为例进行说明。

(1) 单击画图工具栏上的♒按钮,鼠标指针将变成十字形状并附加着椭圆曲线显示在工作窗口中,如图 3-69 所示。

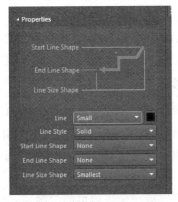

图 3-68　直线属性编辑对话框

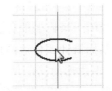

图 3-69　绘制曲线时的鼠标指针

（2）按 Tab 键，打开如图 3-70 所示的椭圆曲线属性编辑对话框，在该对话框中可设置曲线的属性。该对话框中各项的意义如下。

① Width：曲线宽度。此项设置保持不变。

② Radius(X)：曲线 X 方向上的半径。此项设置为 50，即调整半径为 50mil

③ Radius(Y)：曲线 Y 方向上的半径。此项设置为 50mil。

④ End Angle：曲线终止角度。指与坐标左半轴的夹角。此项设置为 180。

⑤ Start Angle：曲线起始角度。指与坐标右半轴的夹角。此项设置为 0。

⑥ 颜色选择按钮：选择曲线颜色。此项设置保持不变。

注意：在绘制曲线时，在工作窗口中单击时会有一个起始点，起始点不同，其起始角度就不一样，半径也不一样，可以在如图 3-70 所示的对话框中进行数据调整，以达到要求的参数。

（3）移动鼠标指针到合适位置后，放置了一个 50mil 半径的半圆。

（4）在窗口中右击或者按 Esc 键，退出曲线绘制的状态。

经过步骤（1）到步骤（4）之后，放置好的曲线如图 3-71 所示。

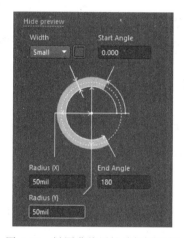

图 3-70　椭圆曲线属性编辑对话框

图 3-71　绘制好的曲线

绘制贝塞尔曲线和绘制直线方法类似，实际上，贝塞尔曲线是一种表现力非常丰富的曲线，利用它可以大体描绘各种特殊曲线，如余弦曲线等。

总而言之，在原理图中绘制各种直线、曲线的步骤类似，绘制出来的线条只是一种图形，没有任何的电气特性，只起注释作用。

3.8.3　在原理图中绘制不规则多边形

单击画图工具栏上的 ⬡ 按钮，即可开始绘制不规则多边形。绘制多边形的步骤如下。

（1）单击画图工具栏上的 ⬡ 按钮，鼠标指针变成十字形状显示在工作窗口中。

（2）移动鼠标指针到合适的位置，在工作窗口中单击，确定多边形的一个顶点。移动鼠标指针，确定多边形的其他顶点。

（3）确定所有顶点后，在工作窗口中右击将完成一个多边形的绘制。

（4）重复步骤（2）、步骤（3），可以绘制其他多边形。

(5) 在步骤(4)后,再次在工作窗口中右击或者按 Esc 键,将退出绘制多边形的状态。

注意:在绘制多边形时,在工作窗口中单击的次序也是顶点的序号,它确定了多边形的形状。

双击绘制好的三角形,即可进入多边形的属性编辑对话框,如图 3-72 所示。其中各项的意义如下。

(1) Fill Color。多边形的填充颜色。选中该复选框后,多边形将以"填充色"设置的颜色填充。

(2) Border。多边形的边框宽度。默认是 Large,在这里更改为 Small。

(3) 边框颜色选择按钮:选择多边形的边框颜色。

(4) Transparent:透明度,该项选择默认值。

将填充色设置为与边界色一样的颜色。

如图 3-73 所示为绘制的三角形。

图 3-72　多边形属性编辑对话框

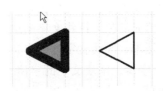

图 3-73　绘制三角形

3.8.4　在原理图上放置单行文字和区块文字

在原理图上最重要的注释方式就是进行文字说明,在 Altium Designer 21 中提供单行文字注释和区块文字注释两种注释方式。

1. 放置单行文字

放置单行文字的具体步骤如下。

(1) 单击画图工具栏上的 **A** 按钮,鼠标指针变成十字形状并附加单行注释的标记显示在工作窗口中。

(2) 按 Tab 键,将弹出单行文字属性对话框,在该对话框中可以设置被放置文字的内容和属性。

(3) 移动鼠标指针到合适的位置,单击即可完成单行文字的放置。

(4) 重复步骤(2)和步骤(3)可以放置其他的单行文字。

(5) 在工作窗口中右击或者按 Esc 键即可退出放置单行文字的状态。

2. 放置区块文字

单行文字放置起来很方便,但是可放置内容有限,通常用于小处的注释。而大块的原理图注释通常采用放置文字区块的方法。放置文字区块的步骤如下。

(1) 单击画图工具栏上的 按钮,鼠标指针将变成十字形状并附加文本区块的标记显示在工作窗口中。

(2) 移动鼠标指针到合适位置后,在窗口中单击以确定区块文字的一个顶点。移动鼠标指针到区块文字的对角顶点,再次单击以确定区块位置和大小。

(3)此时鼠标指针仍处于如图 3-71 所示的状态,重复步骤(2)可以继续放置区块文字。

(4)在窗口中右击或者按 Esc 键,退出区块文字放置的状态。

执行完步骤(1)到步骤(4)之后,区块文字已经被放置好了,此时需要对它的属性和内容进行设置。双击区块文字,将弹出区块文字属性编辑对话框。

该对话框中各选项的意义如下。

(1)边框宽度。区块文字的边框宽度。

(2)文本颜色。区块文字中的文字颜色。

(3)队列。区块文字中的文字对齐方式,有左对齐、居中和右对齐三种对齐方式。

(4)位置。区块文字对角顶点的位置。

(5)显示边界。该选项决定是否显示区块文字的边框。

(6)边框颜色。区块文字的边框颜色。

(7)拖拽实体。该选项决定是否填充区块文字。

(8)填充颜色。区块文字的填充颜色。

(9)文本。区块文字的内容。

(10)字体。区块文字的字体。单击其后的按钮,即可更改区块文字的字体。

完成区块文字属性设置后,单击“确定”按钮,将完成区块文字的放置。

3.8.5　在原理图上放置规则图形

在 Altium Designer 21 中可以方便地放置矩形、圆角矩形、椭圆和扇形四种规则图形,它们的操作方法类似。下面将以绘制一个半径为 50mil、角度为 150°的扇形为例说明放置规则图形的方法。

(1)单击画图工具栏上的■按钮,鼠标指针将变成十字形状并附加圆角矩形标记显示在工作窗口中。

(2)按 Tab 键后将弹出属性编辑对话框。在该对话框中可以设置圆角矩形的属性。参数设置如图 3-74 所示。

(3)单击按钮后在工作窗口中移动鼠标指针到合适位置,保持鼠标不移动的情况下在工作窗口中单击 4 次将完成一个扇形的放置。放置后的扇形如图 3-75 所示。

图 3-74　设置属性

图 3-75　放置后的圆角矩形

(4) 重复步骤(2)、步骤(3)可以放置其他扇形。

(5) 在工作窗口中右击或者按 Esc 键,退出放置的状态。

其他的规则形状放置和圆角矩形放置类似,这里就不再叙述了。

3.8.6　在原理图上放置图片说明

有时为了让原理图更加美观,需要在原理图上放置一些图片,如公司标志等。这些可以通过放置图片的功能来实现。放置图片步骤如下:

(1) 单击画图工具栏上的 ▨ 按钮,鼠标指针将变成十字形状并附加着扇形标记显示在工作窗口中。

(2) 按 Tab 键将弹出绘图属性编辑对话框,在该对话框中可以设置图片的属性和内容。

(3) 完成图片属性和内容设置后单击"确定"按钮,移动鼠标指针到合适位置,单击确定图片框的一个顶点,继续移动鼠标指针到图片框的对角顶点,在工作窗口中单击确定图片框的位置和大小。

(4) 此时会再次弹出"打开"对话框确定粘贴的图片,选择图片后单击"打开"按钮,此时图片将显示在鼠标指针刚才确定的位置上,完成图片放置的操作。

3.9　任务:原理图的打印

在完成原理图绘制后,除了在计算机中进行必要的文档保存外,还需要打印原理图以便设计者进行检查、校对、参考和存档。原理图的打印涉及 4 个步骤。

1. 设置页面

单击选择"文件"→"页面设计"命令,将弹出 Schematic Print Properties 对话框,在该对话框中可以设置页面。

该对话框中各项的意义如下。

(1) 尺寸:页面尺寸。

(2) 垂直:选择该项将纵向打印原理图。

(3) 水平:选择该项后将横向打印原理图。

(4) 缩放比例:设置缩放比例。该项通常采用默认的 Fit Document On Page 设置表示在页面上正好打印一张原理图。

(5) 颜色:设置打印颜色。颜色设置有三种,即单色打印、彩色打印、灰色打印。

2. 设置打印机

在完成页面设置后,单击 Schematic Print Properties 对话框中的"打印设置"按钮将弹出设置打印机对话框,在该对话框中可以设置打印机。

3. 进行打印预览

在完成页面设置后,单击 Schematic Print Properties 对话框中的"预览"按钮,可以预览打印效果。如果设计者对打印预览的效果满意,单击"打印"按钮即可打印输出。

4. 原理图打印输出

单击选择"文件"→"打印"命令,将打开一个对话框,此时单击"确定"按钮即可打印输出。

项目自测题

(1) 在 Altium Designer 21 中原理图绘制的主菜单有哪些?

(2) 在 Altium Designer 21 中原理图绘制的主工具栏有哪些?

(3) 原理图绘制的流程。

(4) 如何对原理图中的元件进行对齐操作?

项目 3 自测题自由练习

绘制原理图元件

项目描述

本项目将详细介绍元件符号的绘制工具及绘制方法,并介绍简单元件及部分复杂元件的绘制方法,通过学习利用绘制工具读者应能方便地建立自己需要的元件符号,通过学习元件的创建原理可为以后原理图的设计图打好坚实的基础。

项目导学

本项目包含元件符号库的创建、元件符号的创建、元件符号的封装添加等。通过学习明白为什么需要自己绘制原理图元件符号,同时掌握以下内容。

(1)掌握原理图文件的创建方法。

(2)掌握原理图元件的绘制方法。

4.1 元件符号概述

元件是原理图的重要组成部分,但有时在设计原理图时在集成元件库里面缺少需要的元件,这时就需要自己设计元件。

元件符号是元件在原理图上的表现,原理图中摆放的就是元件符号,元件符号主要由元件边框和引脚组成,其中引脚表示实际元件的引脚。通过引脚可以建立电气连接,是元件符号中最重要的组成部分。

注意:元件符号中的引脚和元件封装中的焊盘和元件引脚是一一对应关系。

在 Altium Designer 21 中自带有一些常用的元件符号,如电阻器、电容器、连接器等。但是在设计中很有可能需要的元件符号并不在 Altium Designer 21 自带的元件库中,需要设计者自行设计。

Altium Designer 21 提供了强大的元件符号绘制工具,能够帮助设计者轻松地实现这一目的,Altium Designer 21 中对元件符号采用元件符号库来管理,能够轻松地在其他工程中引用,方便了大型电子设计工程的设计工作。

建立一个新的元件符号需要遵从以下流程。

(1)新建/打开一个元件符号库,设置元件库中图纸参数。

(2)查找芯片的数据手册(Datasheet),找出其中的元件框图说明部分,根据各个引脚的说明统计元件引脚数目和名称。

（3）新建元件符号。

（4）为元件符号绘制合适的边框。

（5）给元件符号添加引脚，并编辑引脚属性。

（6）为元件符号添加说明。

（7）编辑整个元件属性。

（8）保存整个元件库，做好备份工作。

注意：需要提出的是，元件引脚包含着元件符号的电气特性部分，是整个绘制流程中最重要的部分，元件引脚的错误将会使得整个元件符号绘制出错。

4.2 任务：创建原理图元件库并熟悉原理图元件库的设计环境

4.2.1 元件库的创建

在 Altium Designer 21 中，所有的元件符号都是存储在元件符号库中的，所有的有关元件符号的操作都需要通过元件符号库来执行。Altium Designer 21 支持集成元件库和单个的元件符号库。在本任务中将介绍单个的元件符号库。

（1）启动 Altium Designer 21，关闭所有当前打开的工程。选择"文件"→"新的"→"库"→"原理图库"命令，如图 4-1 所示。

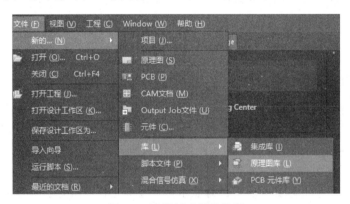

图 4-1   选择新建原理图库

（2）Altium Designer 21 将自动跳到工程面板，如图 4-2 所示，此时在工程面板中增加一个元件库文件，该文件即为新建的元件库。元件库自动命名为 Schlib1.SchLib。

图 4-2   新建元件符号库后的工程面板

4.2.2　原理图元件符号库的保存

（1）选择"文件"→"保存"命令，弹出如图 4-3 所示的对话框。在该对话框中输入元件库的名称，即可同时完成对元件符号库的重命名和保存操作。在这里，对元件符号库可以重命名，也可以保持默认名称。单击"保存"按钮后，元件符号库被保存在自己定义的 Altium 21 文件夹中。

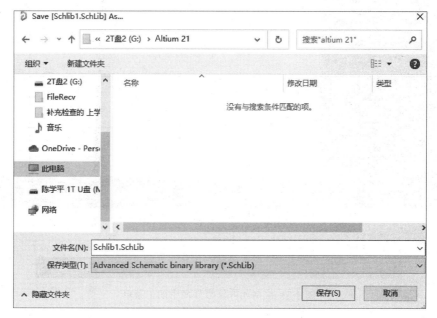

图 4-3　保存新建的元件符号库

（2）打开"我的电脑"，在刚才的 Altium Designer 21 保存文件夹中可以找到新建的元件符号库文件，在以后的设计工程中，可以很方便地加以引用。

4.3　任务：绘制简单的原理图元件并更新原理图中的符号

4.3.1　认识原理图元件库设计界面

在完成元件符号库的创建之后即可进入新建元件符号的窗口，该窗口如图 4-4 所示。设计界面由上面的主菜单、工具栏、左边的工作面板和右边的工作窗口组成。

1. 主菜单

主菜单如图 4-5 所示。在主菜单中，可以找到所有绘制新元件符号所需的操作，这些操作分为以下几栏。

（1）文件：主要用于各种文件操作，包括新建、打开、保存等功能。

（2）编辑：用于完成各种编辑操作，包括撤销/取消撤销、选取/取消选取、复制、粘贴、剪切等功能。

（3）视图：用于视图操作，包括工作窗口的放大/缩小、打开/关闭工具栏和显示格点

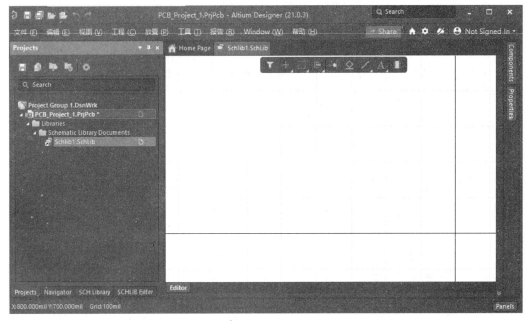

图 4-4   新建元件符号的窗口

图 4-5   绘制元件符号界面中的主菜单

等功能。

(4) 工程:对于工程的各种操作。

(5) 放置:用于放置元件符号的组成部分。

(6) 工具:为设计者提供各种工具,包括新建/重命名元件符号、选择元件等功能。

(7) 报告:产生元件符号检错报表,提供测量功能。

(8) Window:改变窗口显示方式,切换窗口。

(9) 帮助:用于提供对 Altium Designer 使用方面的各种查询。

2. 工具栏

工具栏包括两栏,即标准工具和画图画线工具,如图 4-6 所示。

将鼠标指针放置在图标上会显示该图标对应的功能。主工具栏中所有的功能在主菜单中均可找到。

3. 工作面板

在元件符号库文件设计中的常用面板为 SCH Library 面板,单击选中如图 4-4 所示的 SCH Library 选项卡,可以切换到 SCH Library 面板,该面板如图 4-7 所示。

该面板中的操作分为两类:一类是对元件符号库中符号的操作;另一类是对当前注册符号引脚的操作。

图 4-6 工具栏

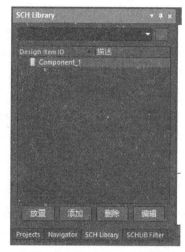

图 4-7 SCH Library 面板

4.3.2 设置原理图库的图纸

前面曾经介绍过,Altium Designer 21 通过元件符号库来管理所有的元件符号,因此在新建一个元件符号前需要为新建立的元件符号建立一个元件符号库,在完成元件符号库的保存后,可以开始设置元件符号库图纸。

选择主菜单"工具"→"文档选项"命令,启动 Properties 对话框,如图 4-8 所示,在该对话框中可以设置元件符号库图纸。

图 4-8 设置元件符号库图纸

该对话框中有以下内容设置。

(1) Units:其中有 mm、mils 两种单位。

(2) Visible Grid:可视格点。

（3）Snap Grid：跳转格点。

（4）Sheet Border：设置图纸中的颜色边框属性，选中该复选框则显示边框。

（5）Sheet Color：设置图纸颜色。

（6）Show Hidden Pins：显示隐藏引脚。

（7）Show Comment/Designator：显示标识和说明。

4.3.3　新建/打开一个元件符号

上面介绍了原理图元件库图纸的设置，接下来介绍如何新建/打开一个元件符号。

1. 新建元件符号

在完成新建元件库的建立及保存后，将自动新建一个元件符号，如图4-9所示，在工作面板中注册了此时元件符号库中唯一的元件符号 Component_1。

图 4-9　新建一个元件符号

也可以通过主菜单新建元件符号。选择"工具"→"新器件"命令，弹出如图4-9所示的对话框，在该对话框中输入元件的名称，单击"确定"按钮即可完成新建一个元件符号的操作，该元件将以刚输入的名称显示在元件符号库浏览器中，如图4-10所示。

2. 重命名元件符号

为了方便元件符号的管理，元件符合名称需要具有一定的实际意义，最通常的情况就是直接采用元件或芯片的名称作为元件符号的名称。可以在如图4-9所示的对话框中直接命名元件的名称，也可以在如图4-10所示的面板选择一个元件后，单击"编辑"按钮，在出现的对话框中进行修改，如图4-11所示。在该对话框中输入新的元件符号名称，单击OK 按钮，即可完成对元件符号的重命名。

图 4-10　在元件符号库中新建立的元件符号

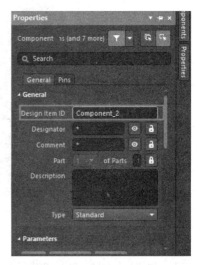

图 4-11　元件符号重命名

3. 打开已经存在的元件符号

打开已经存在的元件符号需要以下几个步骤。

（1）如果想要打开的元件符号所在的库没有被打开，需要先加载该元件符号库。

（2）在工作面板的元件符号库浏览器中寻找想要打开的符号，并选中该符号。

（3）双击该元件符号，则进入对该元件符号的编辑状态，此时可以编辑元件符号。

4.4　任务：绘制简单元件

本任务将以一个简单元件的绘制为例来熟悉一下原理图库中元件的绘制方法。通过学习读者要掌握元件边框和电气引脚的画法。

4.4.1　了解需要绘制的原理图元件的信息

准备绘制的元件是单片机电路的元件，这个元件的绘制相对比较简单。示例元件型号为 NEC8279，该元件共 40 个引脚，每个引脚的电气名称和引脚功能如图 4-12 所示。在该图中有一些特殊的引脚，如上画线，这些在绘制时要引起注意。同时，要注意的是 40 脚、20 脚是隐藏的，后面要介绍如何将其显示和隐藏。

绘制元件
NEC8279

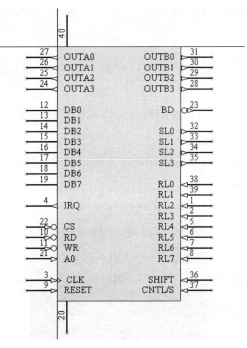

图 4-12　NEC8279 元件

该集成电路是双列排列，左右各 20 个引脚。

4.4.2　绘制集成电路元件的边框

绘制边框包括绘制元件符号边框和编辑元件符号边框属性等内容。

1. 绘制元件符号边框

在放置元件引脚前需要绘制一个元件符号的方框来连接起一个元件所有的引脚。在一般情况下,采用矩形或者圆角矩形作为元件符号的边框。绘制矩形和圆角矩形边框的操作方法相同,NEC8279 元件是矩形边框,下面说明绘制元件符号边框的步骤,其操作步骤如下。

(1) 单击画图工具栏中的 □ 按钮,鼠标指针将变成十字形状并附加一个矩形方框显示在工作窗口中,如图 4-13 所示。

(2) 移动鼠标指针到合适位置后单击,确定元件矩形边框的一个顶点,继续移动鼠标指针到合适位置后单击,确定元件矩形边框的对角顶点。

(3) 确定了矩形的大小后,元件符号的边框将显示在工作窗口中,此时完成了一个边框的绘制,鼠标指针仍处于如图 4-13 所示的状态,右击退出元件绘制状态。

(4) 图 4-14 所示为绘制一个矩形边框的过程。

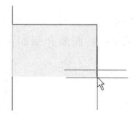

图 4-13　绘制方框的鼠标指针　　　　图 4-14　绘制矩形边框的过程

(5) 矩形边框绘制完成后,需要编辑边框的属性。

2. 编辑元件符号边框属性

双击工作窗口中的元件符号边框即可进入该边框的属性编辑对话框,如图 4-15 所示为元件符号边框属性编辑对话框。

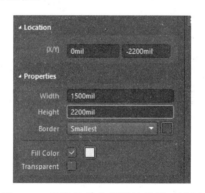

图 4-15　元件符号边框属性编辑对话框

该对话框中各项属性的意义如下。

① Fill Color:是否用选定的颜色填充元件符号边框。

② Transparent：指定透明颜色。

③ Border：元件符号边框线宽及颜色。Altium Designer 21 中提供 Smallest、Small、Medium 和 Large 共 4 种线宽。

④ Width：边框宽度。修改宽度为 1500mil。

⑤ Height：边框高度。修改高度为 2200mil。

除了 Location 选项之外，元件符号边框的各种属性通常情况下保持默认设置。

Location 选项确定了元件符号边框的位置和大小，是元件符号边框属性中最重要的部分，元件符号边框大小的选取应该根据元件引脚的多少来决定，具体来说，首先边框要能容纳下所有的引脚，其次就是边框不能太大，否则会影响原理图的美观性。

通过编辑 Location 选项中的坐标值可以修改元件符号边框的大小，但是更常用的还是直接在工作窗口中通过拖动鼠标执行。图 4-16 所示为元件符号边框的选中状态，边框的边角上有小方框，移动鼠标指针到小方框上，拖动鼠标即可调整边框的大小。

边框放置完成的示意图如图 4-17 所示。

图 4-16 元件边框的选择

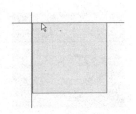

图 4-17 边框放置完成

4.4.3 放置集成电路的电气引脚

绘制好元件符号边框后，可以开始放置元件的引脚，引脚需要依附在元件符号的边框上。在完成引脚放置后，还要对引脚属性进行编辑。

1. 放置引脚的步骤

(1) 单击画图工具栏中的 按钮，鼠标指针变成十字形状并附加着一个引脚符号显示在工作窗口中，如图 4-18 所示。

(2) 移动鼠标指针到合适位置后单击，引脚将放置下来。

图 4-18 放置引脚时的鼠标指针

注意：放置引脚时，会有蓝色的标记提示，这个蓝色的叉状标记即是引脚的电气特性，元件引脚有电气特性的一边一定要放在远离元件边框的外端。

(3) 此时鼠标指针仍处于如图 4-18 所示的状态，重复步骤 2 可以继续放置其他引脚。

(4) 右击或者按 Esc 键即可退出放置引脚的操作。

注意：在放置引脚的过程中，有可能需要在边框的四周都放置上引脚，此时需要旋转引脚。旋转引脚的操作很简单，在步骤(1)或者步骤(2)中，按"空格"键即可完成对引脚的旋转。

在元件引脚比较多的情况下,没有必要一次性放置所有的引脚。可以对元件引脚进行分组,让同一组的引脚完成一个功能或者同一组的引脚有类似的功能,放置引脚的操作以组为单位进行。该集成块有 40 个引脚,它们将被一次性的放置在元件边框上,在放置过程中会进行属性的设置。

注意:元件引脚的放置应以原理图绘制方便为前提,有可能这些引脚并不是很有规律的排列,则可以按照原理图的元件引脚排列来绘制。可以参考一些手册,观察一下集成电路所接的电路图,以方便连接线路来进行绘制。

(5) 在放置引脚过程中按 Tab 键,会弹出引脚属性对话框,对引脚进行设置。如图 4-19 所示。

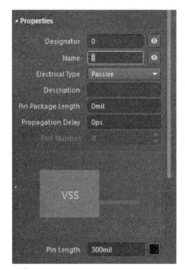
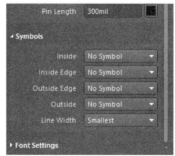

图 4-19　Pin 属性设置对话框

该对话框分为以下几栏。

① Properties:如标识、显示名称等引脚基本属性。

② Symbols:引脚符号设置。

③ Pin Length:可以设置引脚的长度、颜色。保持默认为 300mil。

2. 引脚基本属性设置

引脚基本属性设置选项组如图 4-20 所示,在该选项组中主要包括以下内容。

(1) Designator。引脚标号。在这里输入的标号需要和元件引脚一一对应,并和随后绘制的封装中焊盘标号一一对应,这样才不会出错。建议设计者在绘制元件时采用数据手册中的信息。该项可以通过设置“可见的”复选框来决定该选项内容在符号中是否可见。

(2) Name。在这里输入的名称没有电气特性,只是说明引脚作用。为了元件符号的美观性,输入的名称可以采用缩写形式。该项可以通过设置随后的“可见的”复选框来决定该项在符号中是否可见。

(3) Electrical Type。引脚的电气类型,该选项通过如图 4-21 所示的下拉列表框来选择。

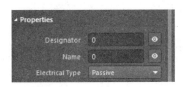

图 4-20　引脚基本属性设置

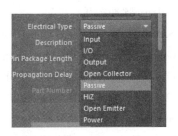

图 4-21　电气类型下拉列表框

下拉列表框中常用项的意义如下。

① Input：输入引脚，用于输入信号。

② I/O：输入/输出引脚，既有输入信号，又有输出信号。

③ Output：输出引脚，用于输出信号。

④ Open Collector：集电极开路引脚。

⑤ Passive：无源引脚。

⑥ HiZ：高阻抗引脚。

⑦ Open Emitter：发射极引脚。

⑧ Power：电源引脚。

3. Symbols 设置

引脚符号设置栏如图 4-22 所示，在该选项组中包含有 4 项内容，它们的默认设置都是 No Symbol，表示引脚符号没有特殊设置。

各项中的特殊设置如下。

（1）Inside。引脚内部符号设置，如图 4-23 所示。

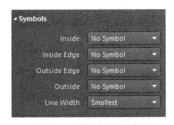

图 4-22　引脚符号栏设置

图 4-23　内部符号

该下拉列表框中各项的意义如下。

- Postponed Output：暂缓性输出符号。
- Open Collector：集电极开路符号。
- HiZ：高阻抗符号。
- High Current：高扇出符号。

- Pulse：脉冲符号。
- Schmitt：施密特触发输入特性符号。
- Open Collector Pull Up：集电极开路上拉符号。
- Open Emitter：发射极开路符号。
- Open Emitter Pull Up：发射极开路上拉符号。
- Shift Left：移位输出符号。
- Open Output：开路输出符号。

（2）Inside Edge。引脚内部边缘符号设置。该下拉列表框中只有唯一的一种符号 Clock 选项，表示该引脚为参考时钟。

（3）Outside Edge。引脚外部边缘符号设置。该下拉列表框如图 4-24 所示。

该下拉列表框中各项的意义如下。

- Dot：圆点符号引脚，用于负逻辑工作场合。
- Active Low Input：低电平有效输入。
- Active Low Output：低电平有效输出。

（4）Outside。引脚外部边缘符号设置。本下拉列表框如图 4-25 所示。

图 4-24　Outside Edge 沿下拉列表框

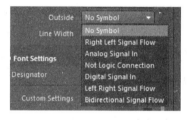

图 4-25　Outside 下拉列表

该下拉列表框中各项的意义如下。

- Right Left Signal Flow：从右到左的信号流向符号。
- Analog Signal In：模拟信号输入符号。
- Not Logic Connection：逻辑无连接符号。
- Digital Signal In：数字信号输入符号。
- Left Right Signal Flow：从左到右的信号流向符号。
- Bidirectional Signal Flow：双向的信号流向方向。

根据上面介绍的属性及其对这个元件的第一个引脚进行设置。

（1）该图的第 1 脚设置如图 4-26 所示。其放置的效果如图 4-27 所示。

（2）第 2 脚除了标号和说明不同外，其他属性与第 1 脚设置相同。第 3 脚设置结果如图 4-28 所示，要注意的是选择电气类型 Electrical Type 为 Input，内边沿 Inside Edge 为 Clock。

（3）按照相同的方法放置余下的所有引脚，要注意的是，对于引脚的小圆圈的放置，要注意选择外部边沿 Outside Edge 为 Dot 选项，电气类型 Electrical Type 要根据元件实际情况选择是 Input 还是 Output 选项，以放置第 10 脚为例说明，如图 4-29 所示。

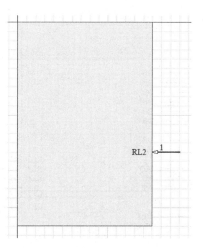

图 4-26 设置第 1 脚　　　　　　　　　　图 4-27 第 1 脚放置的效果

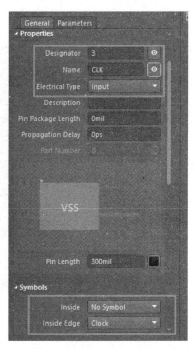

图 4-28 第 3 脚设置结果

图 4-29 放置第 10 脚

（4）接着放置 11～19 脚，设置好相关属性，效果图如图 4-30 所示。

（5）放置 Name 为 GND 的 20 脚时，电气类型 Electrical Type 也要选择 Power 选项。同样选择了隐藏说明。如图 4-31 所示。放置的效果如图 4-32 所示。

（6）继续放置 21～39，参照之前各脚放置的效果进行设置，最后放置 40 脚 VCC 时，其电气类型 Electrical Tpye 的下位列表框要选择 Power 选项，选择隐藏管脚说明，如图 4-33 所示。

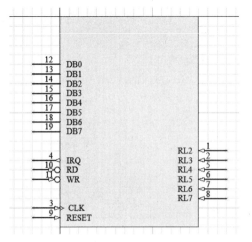

图 4-30　元件效果图

图 4-31　放置 GND

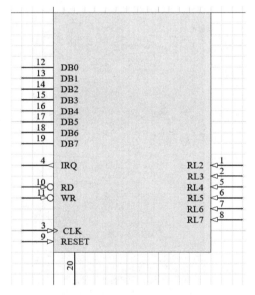

图 4-32　放置 20 脚后的效果

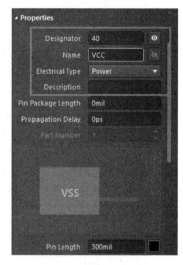

图 4-33　放置 VCC

（7）将各脚放置完成后的元件效果如图 4-34 所示。

注意：此时单从该图来看，就没有找到电源 VCC 和 GND 引脚，如果认为该图本来就没有这些引脚，而直接将这个元件放置到原理图中，然后转化成 PCB 时会发现元件少了连接线。因此，在进行绘制时，对于别人提供的工程文件，如果要查看元件库的元件，需要显示隐藏的管脚，看一下哪些管脚还需要自己绘制完成。

（8）可以选择主菜单中的"视图"→"显示隐藏管脚"命令，则整个元件的管脚就会显示出来，此时效果如图 4-35 所示。其中 VCC、GND 的说明已经显示出来了，只是文字出现了重叠，看不清楚。

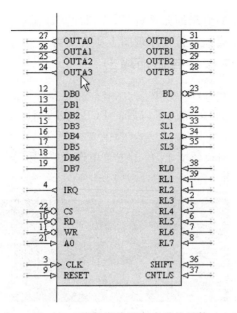

图 4-34 将各脚放置完成后的元件

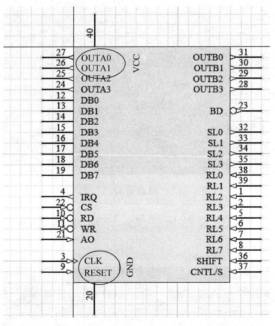

图 4-35 绘制成的元件

4.4.4 更新原理图中的元件

　　在电子设计中可能会出现一种情况,即当绘制好元件符号并将它放置在原理图上之后,后来可能对元件符号进行了修改,这时就需要更新元件符号。虽然设计者可以逐一更新,但是由于元件数目较多,则显得很烦琐。

　　Altium Designer 21 提供了良好的原理图和元件符号之间的通信功能。在工作面板的元件符号列表中选择需要更新的元件符号，在原理图库编辑环境中，选择"工具"→"更新原理图"命令，即可更新当前已打开原理图上所有的需要更新的元件。

4.4.5 为原理图库元件符号添加模型

1. 为元件符号添加 Footprint 模型

添加 Footprint 模型的目的是为了以后的 PCB 同步设计。

添加步骤如下。

(1) 在原理图元件库编辑环境中，单击主菜单选择"工具"→"符号管理器"命令，弹出"模型管理器"对话框，如图 4-36 所示。

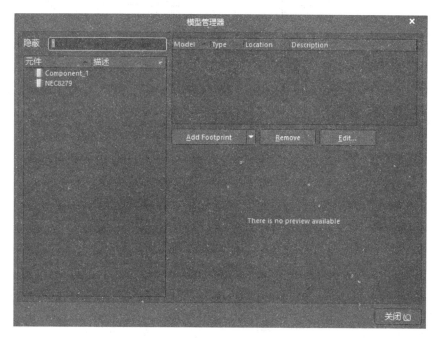

图 4-36   "模型管理器"对话框

(2) 在左侧区域，找到需要添加模型的元件，再在右侧区域找到并单击 Add Footprint 按钮，如图 4-37 所示。

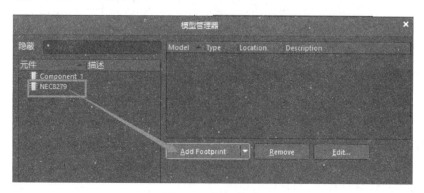

图 4-37   添加模型

（3）弹出如图 4-38 所示的"PCB 模型"对话框。可以在这个对话框中添加模型。

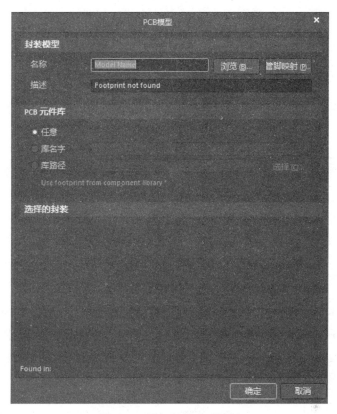

图 4-38　添加新模型对话框

（4）在该对话框中单击"浏览"按钮，弹出"浏览库"对话框，如图 4-39 所示。

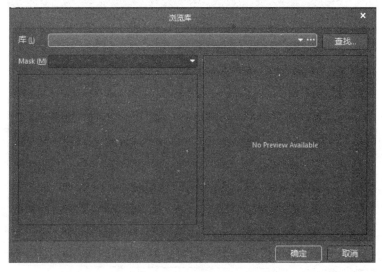

图 4-39　"浏览库"对话框

（5）单击"查找"按钮，弹出"基于文件的库搜索"对话框，如图 4-40 所示。

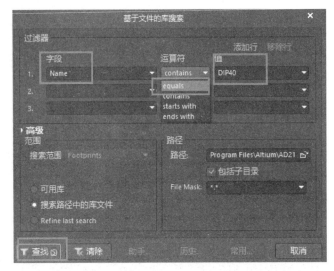

图 4-40 "基于文件的库搜索"对话框

（6）选中"搜索路径中的库文件"单选按钮，单击"路径"文本框旁的 按钮，找到 Altium Designer 21 安装文件夹的封装库文件，并使其显示在该文本框中。

（7）单击"运算符"下拉列表框中的下拉按钮选择第二项 contains（包含）选项，在后面的"值"文本框中输入 DIP40，然后单击"搜索"按钮即可开始搜索。

（8）在"浏览库"对话框中显示搜索结果，如图 4-41 所示。

为元件添加
封装 DIP40

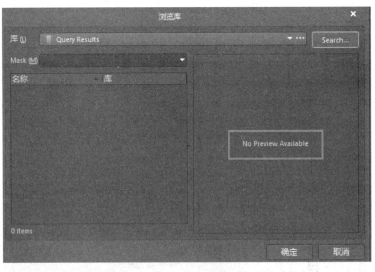

图 4-41 查找结果

注意：如图 4-41 所示为没有找到这个元件的封装类型 DIP40。此时，可以自己绘制 DIP40 封装，也可以在集成元件库中去查找 DIP40。现在可以在网上查找 Altium 10 或者其他版本的元件库，将找到的元件库复制到 Altium 21 的元件库中即可。

经过复制后,继续搜索查找 DIP40。如图 4-42 所示。此时已经找到了 DIP40。

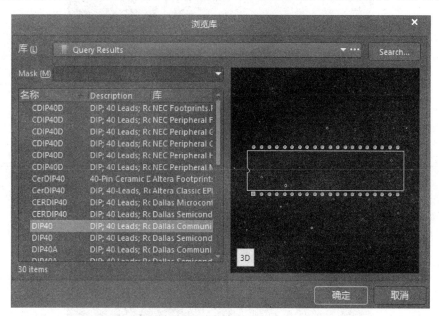

图 4-42 搜索结果

(9) 单击选择 DIP40 封装名称,单击"确定"按钮,弹出提示是否安装库的对话框,因为该库没有被安装,所以单击"是"按钮进行安装,如图 4-43 所示。

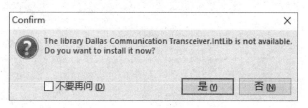

图 4-43 提示安装库

(10) 如果封装添加成功,则会在"PCB 模型"对话框中"选择的封装"区域出现已经选择的封装,如果没有出现,则需要按下面的方法来解决这个问题,如图 4-44 所示是没有成功添加封装的对话框。

注意:如果在"选择封装"区域部分仍然是空白的,则说明 DIP40 这个封装没有安装好,需要通过下面的方法来进行安装,如图 4-40 所示的对话框,重新进行选择,如果在如图 4-42 的对话框中没有预览到,则应返回如图 4-40 的对话框中重新进行搜索,再次出现如图 4-42 所示的对话框,找到 DIP40 的封装,移动鼠标到该行中的"库"这列中,选择库的名字 Dallas Communication Transceiver. IntLib,按快捷键 Ctrl＋C 进行复制。然后返回到如图 4-44 对话框中将复制的"库名字"粘贴到"PCB 元件库"选项区的"库名字"文本框中(先选中"库名字"单选按钮),就会预览到 DIP40 的封装。如图 4-45 所示。

(11) 添加封装后的元件结果如图 4-46 所示。

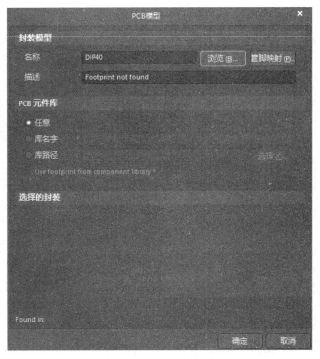

图 4-44　显示选择的封装

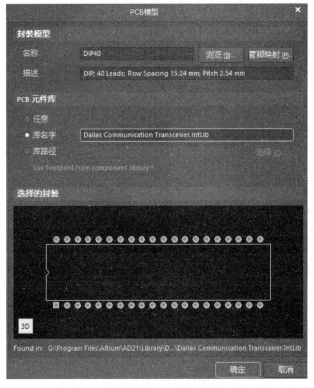

图 4-45　已经出现了封装

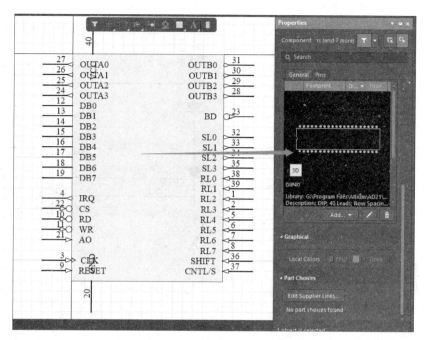

图 4-46　已经成功添加封装

4.5　任务：修改集成元件库中的元件

有时并不需要绘制全新的集成电路元件，而只需要修改集成元件库中的元件即可。比如，修改电感线圈、电阻器、三极管等。以三极管的修改为例，其他元件修改的操作步骤大体相同。

对修改集成元件库中的元件的步骤在这里只做简要说明，详细的步骤见任务操作部分。

（1）新建一个原理图元件库。建立原理图库后，要保存。

（2）打开 Altium 的集成元件库，多数集成元件库在 Miscellaneous Devices. IntLib 中，可以打开它，然后找到普通三极管的元件符号。

（3）在原理图库设计环境下，单击选中 SCH Library 选项卡，切换到 SCH Library 原理图库面板。

修改集成元件
库中的元件

（4）将已经找到的集成元件库中的三极管的符号进行复制，然后在已建立的原理图库中的 SCH Library 面板中去粘贴。

（5）粘贴完成后，可以在已创建的原理图库设计环境中去修改这个三极管了。

4.5.1　打开集成的元件库并摘取源文件

下面提供一张原理图，如图 4-47 所示。

通过查找集成元件库，发现没有与图中完全相同的三极管，也没有完全相同的电位器，因此这些都是需要自己绘制的，为了节省时间，可以通过复制集成元件库的元件来进

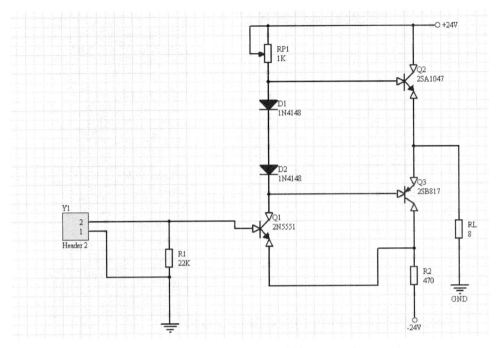

图 4-47 原理图示例

行修改以实现元件的绘制。

1. 打开集成元件库

（1）首先建立一个 PCB 项目，再单击选择"文件"→"打开"命令，打开软件安装目录下 Library 元器件库文件。主要是要找到安装的文件的路径，然后打开就行了。

（2）选择并打开找到的元件库，然后打开 Miscellaneous Devices. IntLib。会弹出一个提示对话框，单击"解压源文件"按钮，如图 4-48 所示。

（3）此时的工程面板如图 4-49 所示。

图 4-48 解压源文件

图 4-49 元件库已经在里面了

2. 切换到集成元件库 SCH Library 面板

在原理图元件库 Miscellaneous Devices. SchLib 上双击，然后单击选中如图 4-50 所示面板最下面部分的 SCH Library 选项卡切换到元件库面板。

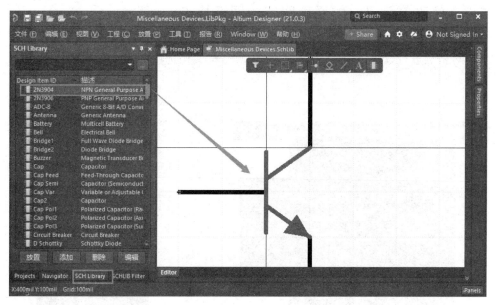

图 4-50 元件库面板

4.5.2 将集成元件库的符号复制到自己的元件库中

1. 新建一个自己的元件库

在刚建立的 PCB 工程中建立一个自己的 Shematic Library 元件库,选择 PCB 工程,然后在 PCB 工程上右击,在弹出的快捷菜单中选择"添加新的…到工程"→Shematic Library 命令建立一个自己的元件库。然后会在工程中增加自己的元件库,如图 4-51 所示。

2. 复制集成元件库中的元件

(1)切换到集成元件库的面板中,如图 4-52 所示选择 2N3904 并进行复制。

图 4-51 增加了自己的元件库

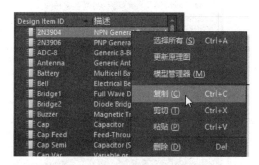

图 4-52 选择复制集成的元件库元件

(2)复制元件后切换到 Schlib1. SchLib 库文件面板,然后如图 4-53 所示在元件库上右击并在弹出的快捷菜单中选择"粘贴"命令。

4.5.3　修改自己建立的原理图库的图纸格点

（1）将集成元件库中的元件粘贴到自己的元件库后，便可以对 2N3904 进行修改，修改前需对格点进行设置，单击主菜单选择"工具"→"文档选项"命令，如图 4-54 所示。

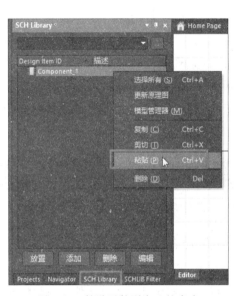

图 4-53　粘贴元件到自己的库中

图 4-54　选择"文档选项"命令

（2）出现 Properties 属性编辑窗口，默认设置如图 4-55 所示。在此基础上，将 Visible Grid（栅格）文本框中的 100mil 改为 10mil，如图 4-56 所示。

图 4-55　默认设置

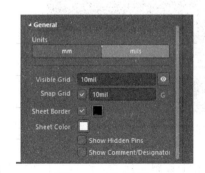

图 4-56　更改栅格

4.5.4 修改复制的集成三极管元件

操作步骤如下。

(1) 单击选择如图 4-57 所示的三角形箭头。

(2) 然后移动鼠标到元件库图中的三极管中放置小三角形,在放置过程中可以按空格键进行方向的转换,将三极管原来的三个引脚先移动到旁边,如图 4-58 所示。

图 4-57 选择箭头

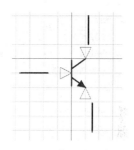

图 4-58 放置小三角形

(3) 然后双击每个三角形,或在放置小三角形过程中按 Tab 键,弹出如图 4-59 所示的 Properties 对话框,将线宽 Line 设置为 Small,颜色设置为蓝色。

(4) 经过修改后的图形如图 4-60 所示。

图 4-59 设置小三角形的线宽和颜色

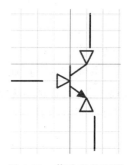

图 4-60 修改后的图形

(5) 移动元件原有的引脚,放置完成的元件如图 4-61 所示。然后保存该元件和自己绘制的元件库到一个自己定义的路径中。要记住自己保存的路径。

(6) 其他的几个三极管的修改方法相同。电位器 RP 的绘制方法与三极管类似,只是要注意箭头的绘制方法。

元件设计完成后,在绘制原理图时需要安装自己的元件库,然后将他们放置在原理图中,安装方法与前面介绍的安装集成元件库的方法一样,需要选择自己的元件库。打开"库"面板,然后单击"元器件库"弹出"可用库"对话框,再单击"安装"选择自己的

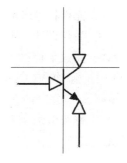

图 4-61 完成的元件

元件库进行安装。

　　注意：在文件类型的下拉列表框中要选择第二项，不然看不到创建的元器件，如图 4-62 所示。

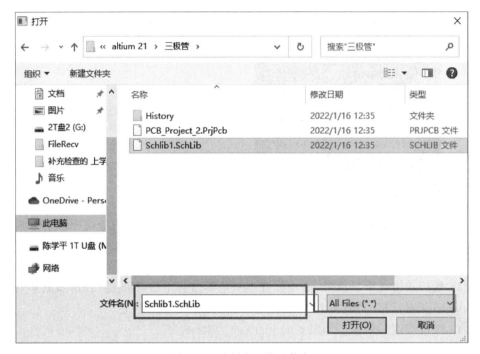

图 4-62　选择自己的元件库

　　单击打开后，就可以在"库"面板中看到自己的元件了。然后放置元件的方法与前面一样，但是要注意的是，此时，如果直接将元件拖动到原理图中，元件会显示不正常，所以需要通过放置命令，或者双击来放置元件。

　　按以上方法可以将 Q1 2N5551、Q2 2SA1047、Q3 2SB817 创建出来。

项目自测题

　　1. 元件符号库的创建方法。

　　2. 元件符号库的创建主菜单和主工具栏有哪些？

　　3. 如何设计一个简单的元件符号？写出操作步骤并上机实战。

　　4. 完成下面的元件符号的创建，如图 4-63 所示，同时要求给它们增加封装模型。其中 16 脚为 VCC，隐藏，电气类型为 Power；而 15 脚为 GND，隐藏，电气类型为 Power。

　　5. 修改电阻器的外形。找一个集成电阻符号并将其修改为如图 4-64 所示的电位器。

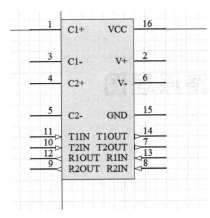

图 4-63 原理图

图 4-64 修改电位器

项目 4 自测题自由练习

项目 5

绘制电路原理图

项目描述

项目 3 介绍了原理图的设计流程,并介绍了原理图图纸的模板设计、原理图图纸的视图操作,对象操作,以及原理图的注释和打印。项目 4 则介绍了原理图库元件的设计。本项目将介绍原理图中最为重要的内容,即电路的绘制。

项目导学

本项目将介绍原理图库的安装、元件的搜索、元件的放置、元件封装的检查和添加和元件的电路连接。通过本项目的学习,要掌握以下内容。

(1) 掌握原理图元件库的安装方法。

(2) 掌握原理图元件的搜索方法。

(3) 掌握原理图元件的放置方法。

(4) 掌握原理图元件的封装检查及封装的添加方法。

(5) 掌握原理图的电气连接方法。

5.1 元件库的安装、卸载、搜索

原理图中有两个基本要素,即元件符号和线路连接。绘制原理图的主要操作就是将元件符号放置在原理图图纸上,然后用导线或总线将元件符号中的引脚连接起来,建立正确的电气连接。放置元件符号前,需要知道元件符号在那一个元件库中,并需要载入该元件库。本节将介绍元件库的安装、搜索、元件的放置等相关内容。

5.1.1 原理图元件库的引用

1. 启动元件库

在 Altium Designer 21 中支持单独的元件库或元件封装库,也支持集成元件库。它们的扩展名分别为 SchLib、IntLib。

启动元件库的方法如下。

(1) 单击选择右下角的 Panels→Components 命令,如图 5-1 所示。

(2) 弹出库面板。

(3) 在库面板中默认打开的是 Altium Designer 21 自带的 Miscellaneous Devices.

IntLib 集成元件库,包括集成元件库的元件符号、封装、SPICE 模型、SI 模型都被集成在库里。

（4）在库面板中选择一个元件,例如,单击下拉按钮选择 2N3904 选项将会在库面板中显示这个元件的元件符号、封装、SPICE 模型、SI 模型,如图 5-2 所示。

图 5-1　选择浏览库

图 5-2　选择 2N3904 的元件库面板

2. 加载元件库

启动元件库面板后,可以方便地加载元件库。加载元件库的方法如下。

（1）单击库面板中的 File-based Libraries Preferences 按钮,如图 5-3 所示。

（2）弹出如图 5-4 所示的"可用的基于文件的库"对话框,在该对话框中列出了已经加载的元件库文件。

（3）单击选中"已安装"选项卡,切换到"已安装"选项卡,然后单击"安装"按钮,将弹出如图 5-5 所示的对话框,可以在该对话框中选择需要加载的元件库,单击"打开"按钮即可加载选中的元件库。

（4）选择加载库文件后将会回到"可用的基于文件的库"对话框,在该对话框中将列出所有可用的库文件列表。

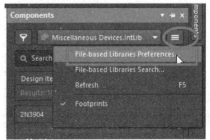

图 5-3　单击 File-based Libraries Preferences 按钮

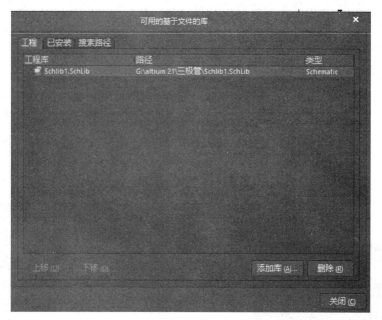

图 5-4　可用元件库

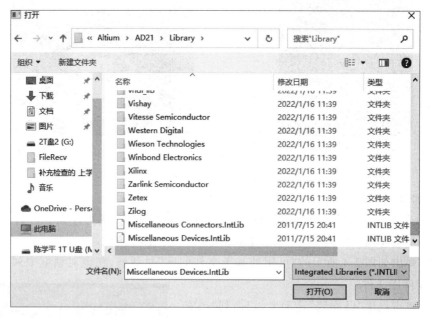

图 5-5　加载元件库

（5）在库文件列表中可以更改元件库排列顺序，如图 5-6 所示，选中一个库文件，该
文件将以高亮显示。单击"上移"按钮可以将该库文件在列表中上移一位，单击"下移"按
钮可以将该库文件在列表中下移一位。

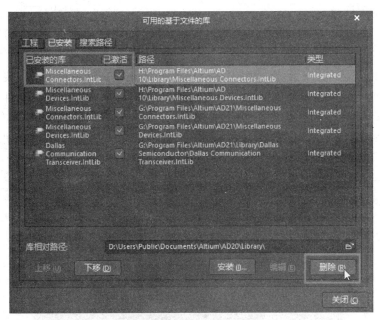

图 5-6　更改元件库排列顺序和删除元件库

3. 卸载库文件

加载元件后,可以卸载元件库,只需选中库列表中的元件库,单击"删除"按钮即可。

注意:在设计工程中卸载元件库只是表示在该工程中不再引用该元件库,并没有真正删除软件中的元件库。

5.1.2　原理图元件的搜索

上一小节讲述的元件库的加载或卸载操作,是基于已知需要的元件符号所在的元件库的情况,所以直接加载该元件库即可。但是实际情况可能并非如此,设计者有时并不知道元件在哪个元件库中,当设计者面对的是一个庞大的元件库时,一个个地寻找列表中的每个元件是一件非常麻烦的事情,工作效率很低。Altium Designer 21 提供了强大的元件搜索能力,可以帮助设计者轻松地在元件库中搜索元件。元件搜索的具体操作见任务实施部分。

5.1.3　原理图元件的放置

当加载元件库查找到了需要的元件或者搜索到元件后加载该元件库后,就可以将元件放置到原理图上了。在 Altium Designer 21 中有两种方法放置元件,分别是通过"库"面板放置和"菜单"放置。具体操作见任务实施部分。

5.2　放置原理图元件

5.2.1　启动元件库和加载元件库

假如要加载一个已经知道名称的元件库,则可以按如下步骤进行。

（1）启动库面板。

（2）在 Components 面板中，单击 ▤ 按钮，弹出可用库对话框，切换到"已安装"选项卡。

（3）再单击"安装"按钮，选择库的路径和名称，单击"打开"按钮即可安装。

当不知道元件库在哪个位置时，则可以通过元件名称来搜索。搜索元件可以采用下述方法。

（1）在图 5-7 所示的"基于文件的库搜索"面板中，单击"查找"按钮，将弹出如图 5-8 所示的对话框。

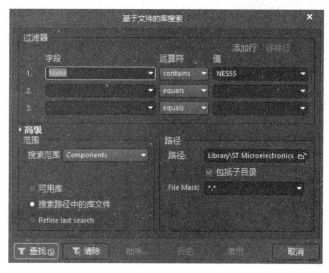

图 5-7 搜索元件

（2）在"基于文件的库搜索"对话框中可以设置查找元件的域、元件搜索的范围、元件搜索的路径、元件搜索的标准及值，然后进行搜索即可。首先是按 Name 名称来进行搜索，选择运算符号 contains 的含义是包含而不是等于，意思是包含后面的值 NE555 的元件都可以搜索出来。

（3）设置元件查找的类型。在"基于文件的库搜索"对话框的"范围"选项区内单击"搜索范围"下拉按钮选择查找类型，如图 5-8 所示。

说明：以上三种类型分别为 Components（元件）、Footprints（封装）、3D Models（3D 模式）、Database Components（数据库元件）。

图 5-8 查找类型

（4）设置元件搜索的范围。在 Altium Designer 21 中支持两种元件搜索范围，一种是在当前加载的搜索元件库中搜索，另一种是在指定路径下的所有元件库中搜索。

在"范围"选项区中选中"可用库"单选按钮，表示搜索范围是当前加载的所有元件库，选中"搜索路径中的库文件"单选按钮，则表示在右边"路径"文本框中给定的路径下搜索元件。

(5) 单击“路径”文本框旁边的 ⊠ 按钮,选择要搜索的路径,单击“确定”按钮即可。

(6) 完成设置后,单击“查找”按钮即可开始搜索。

(7) 元件搜索结果对话框如图 5-9 所示。

注意:

(1) 在如图 5-9 所示的对话框中列出了搜索到的元件的名称、所在的元件库以及对该元件的描述,在对话框的下方还有搜索到元件的符号预览和元件封装预览。

如果查找到的元件符合设计者的要求,则在元件列表区域中双击符合要求的元件即可将元件放置在图纸中。

(2) 如果搜索的元件所在元件库没有安装过,则会弹出一个提示对话框,提示安装元件所在的元件库,如图 5-10 所示是提示该元件库没有安装,询问是否需要进行安装。如果只是不同的元件,则提示安装的元件库名称是不一样的。

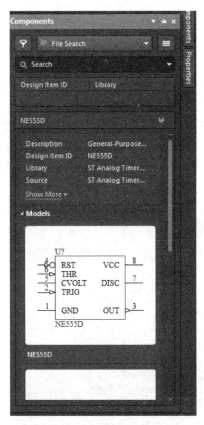

图 5-9 元件搜索结果

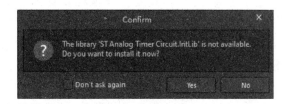

图 5-10 提示安装元件库

单击 Yes 按钮将会安装该元件库,同时元件会跟着鼠标指针出现在原理图中,如图 5-11 所示。在工作窗口中单击即可放置该元件。同时,安装的元件库将在原理图中可用,如图 5-12 所示。

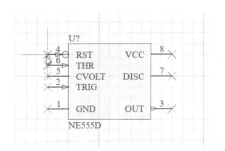

图 5-11   鼠标指针带着元件

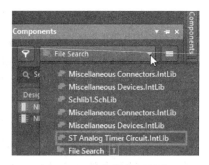

图 5-12   新安装的元件库

5.2.2   原理图元件的放置

本小节学习打开 Altium Designer 21 集成元件库路径或自己制作的元件库,或者自己查找元件库。以放置元件 NE555D 为例进行操作。

元件放置可以通过库面板进行,其步骤如下。

(1) 打开库面板,载入所要放置元件所在的库文件。因为需要的元件 NE555D 在 ST Analog Timer Circuit. IntLib 元件库中,故需加载这个元件库。

注意:如果不知道元件所在的元件库,则可以按照前面介绍的方法进行搜索,然后再加载搜索到的元件所在的元件库即可。

(2) 加载元件库后,选择需要的元件库。在如图 5-12 所示的下拉列表中选择 ST Analog Timer Circuit. IntLib 文件。

(3) 单击选中该元件库文件,则该元件库出现在文本框中,从而可以放置其中的所有元件。在元件列表区域中将显示库中所有的元件,如图 5-13 所示。

(4) 选中元件 NE555D 后,在库面板中将可预览到元件符号以及元件的模型,确定是想要放置的元件后,双击该元件,鼠标指针将变成十字形状并随着元件 NE555D 的符号显示在工作窗口中。

(5) 移动鼠标指针到原理图中合适的位置,单击鼠标左键,元件将被放置在鼠标指针停留的地方。此时鼠标指针仍然保持如图 5-11 所示的状态,可以继续放置该元件。在完成放置元件后在工作窗口中右击,鼠标指针恢复成正常状态,从而结束元件的放置。

(6) 可以对元件位置进行调整,并设置这些元件的属性。然后可重复刚才的步骤,放置其他的元件。

注意:放置元件时,并不需要一次性将一张原理图上所有的元件放置完,这样往往难以把握原理图的绘制。通常的做法是将整个原理图划分为若

图 5-13   元件库中的元件列表

干个部分,每个部分包含放置位置接近的一组元件,一次放置一个部分,并进行元件属性设置,然后再连线。如原理图中的元件数目较少,可以一次性将所有元件全部放置上去。

5.3　任务:设置原理图元件的属性

原理图元件放置完成后,并不是原理图就绘制完成了,还需要对原理图的元件进行属性设置,比如元件的标识、显示名称等。

5.3.1　认识元件属性编辑对话框

在放置元件之后,需要对元件属性进行设置。元件的设置一方面确定了后面生成网络报表的部分内容,另一方面也决定了元件在图纸上的摆放效果。此外在 Altium Designer 21 中还可以设置部分的布线规则,以及编辑元件的所有管脚。

元件属性设置包含以下五个方面的内容。

(1) 元件的基本属性设置。

(2) 元件在图纸上的外观属性设置。

(3) 元件的扩展属性设置。

(4) 元件的模型设置。

(5) 元件管脚的编辑。

当设置元件的属性时首先需要进入元件属性编辑对话框。打开元件属性编辑对话框的方法非常简单,只需要在原理图窗口中双击想要编辑的元件,系统会弹出如图 5-14 所示的元件属性编辑对话框,除了这种方法外,还可以在放置元件的过程中按键盘上的 Tab 键也会弹出元件属性编辑对话框。

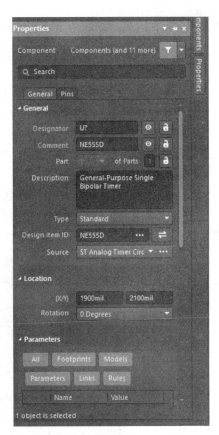

图 5-14　元件属性编辑对话框

5.3.2　设置元件的基本属性

元件基本属性设置在 Properties 对话框中包括 General、Location、Parameters 三个选项区,在 General 选项区中包含以下内容。

(1) Designator。元件的标号。在一个项目中的所有元件都有自己的标号,通过标号区别不同的元件,因此标号的设定是唯一的。

(2) Comment。对元件的说明。

(3) Source。该元件所在的元件库。该项为固定值,通常情况下不允许修改。

在 Designator 选项和 Comment 选项后面的图标为"眼睛"的复选框决定对应的内容是否在原理图上有显示。选中复选框表明这些内容将会在原理图上显示出来。

可以根据电路的需要对 NE555D 的标识进行标注,如标为 U1,则 U1 就表示该元件符号了。

5.3.3　设置元件模型

没有封装的原理图元件在 PCB 中是不能布局和布线的，可以按下面的步骤增加封装。

元件的模型设置如图 5-15 所示。在该面板中可以设置元件的封装。单击 Add 下拉按钮选择 Footprint 选项可以增加 Footprint 模型。

在普通设计中通常牵涉的模型只有元件封装，设置元件封装的步骤可以参考 4.4.5 小节为原理图库元件符号添加模型的相关介绍。

下面只简单介绍一下。

（1）在"PCB 模型"对话框中，单击"浏览"按钮，如图 5-16 所示。

（2）找到前面已经安装的库，如果没有安装，则需要进行查找，现在选择两种不同的封装形式，如图 5-17 和图 5-18 所示。

（3）选择贴片封装，单击"确定"按钮。如图 5-19 所示已经出现了封装。

（4）单击"确定"按钮，完成封装选择。

注意：如果没有所需要的元件封装，可以通过单击如图 5-17 所示的"查找"按钮来查找元件的封装。

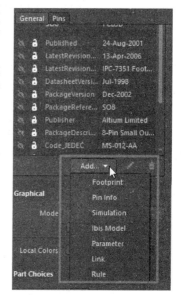

图 5-15　增加元件模型

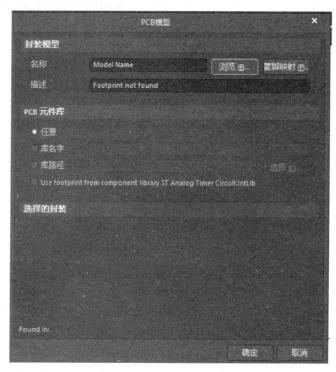

图 5-16　单击"浏览"按钮

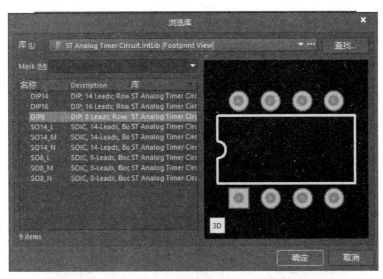

图 5-17　DIP 插件式封装

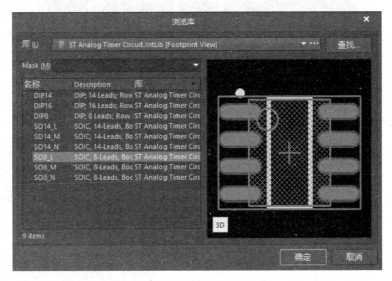

图 5-18　贴片式封装

5.3.4　元件说明文字的设置

在原理图上每个元件都有自己的说明文字,包括元件的标号、说明及取值,可以在元件属性对话框中设置。也可以直接在原理图上设置,双击想要设置的内容,即可编辑该项内容。

(1) 如果想要编辑元件的说明,在原理图窗口中对放置元件的注释文字上双击,将弹出如图 5-20 所示的对话框。设计者可自行设置元件标号的各项内容,如果某项在设计中没有必要在原理图上显示,则可将该项设置为在原理图上不可见。

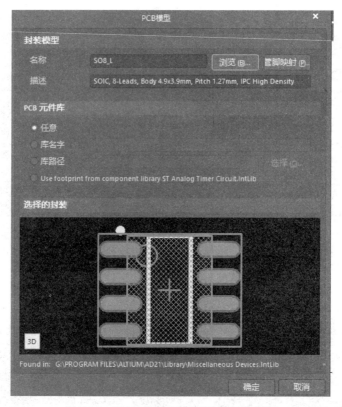

图 5-19 "PCB 模型"对话框中的封装模型

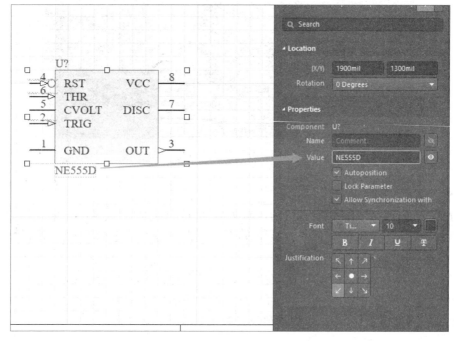

图 5-20 元件说明文字设置

（2）在完成设置后，单击 OK 按钮，将关闭该对话框。此时重新打开元件属性编辑对话框，可以看到刚才修改的内容在元件属性对话框中也可以修改。

5.4　任务：电路原理图绘制

在完成一部分的元件放置工作并作好元件属性和元件位置调整后，就可以开始绘制电路了。元件的放置只是说明了电路图的组成部分，并没有建立起需要的电气连接。电路要工作首先需要建立正确的电气连接，因此需要进行电路绘制。

本任务将介绍电路绘制的方法。

对于单张电路图，绘制包含的内容如下。

（1）导线/总线绘制。

（2）添加电源/接地。

（3）设置网络标号。

（4）放置输入/输出端口。

5.4.1　认识电路绘制菜单

Altium Designer 21 提供了很方便的电路绘制操作。所有的电路绘制功能在如图 5-21 所示的菜单中都可以找到。

Altium Designer 21 还提供了工具栏。常用的工具栏有两个，即"画线"工具栏和"电源"工具栏。

图 5-21　电路绘制菜单

5.4.2　认识电路绘制画线工具栏

"画线"工具栏如图 5-22 所示。该工具栏提供导线绘制、端口放置等操作。

工具栏中各按钮的功能如下。

按钮：绘制导线。

按钮：放置信号线束。

按钮：放置电源 GND 符号。

按钮：放置原理图上的端口。

按钮：放置文本字符串。

5.4.3　认识电路绘制电源工具栏

"电源"工具栏如图 5-23 所示。该工具栏提供了各种电源符号。

该工具栏中提供了各种电源和地符号，使用起来相当方便。其中电源符号除了可编辑的 VCC 供电，还提供了常用的 +12V、+5V 和 −5V 电源。

考虑到在有些电子设计中，尤其是高速电子设计中，会把电路的地分成电源地、信号地和与大地相连的机箱地等，为了能在电路设计中分清楚各种地，在 Altium Designer 21 中为它们设置了各自不同的符号。

图 5-22　画线工具栏　　　　　　　　　　　图 5-23　电源工具栏

5.4.4　在原理图中绘制导线

导线的绘制可以从三个方面来理解,即导线的绘制、导线属性的设置、导线的操作。

导线是电气连接中最基本的组成单位,单张原理图上的任何的电气连接都是通过导线建立起来。

如图 5-24 所示,已选中的导线已经连接到元件引脚上,有电气特性,如果导线没有连接到任何元件管脚或者端口上,则没有具体的意义。因此,在原理图上绘制导线的目的是为了将元件管脚用导线连接起来,表示管脚之间有电气连接。

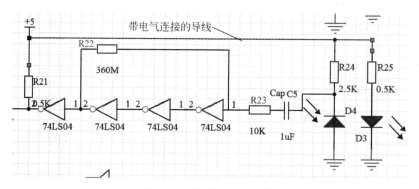

图 5-24　原理图中的导线

绘制导线的方法较为简单,采用如下的步骤即可。

(1) 单击放置导线的 ▨ 按钮,鼠标指针将变成十字形状并附加了一个叉记号显示在工作窗口中,如图 5-25 所示 。

(2) 将鼠标指针移动到需要建立连接的一个元件管脚上,单击确定导线的起点。

注意:导线的起始点一定要设置到元件的管脚上,否则绘制的导线将不能建立起电气连接。当移动鼠标指针到元件的管脚上时,会有一个元件引脚与导线相连接的标识,即一个蓝色的叉标记,说明可以进行电气连接。

(3) 移动鼠标,随着鼠标的移动将出现尾随鼠标指针的导线。移动鼠标指针到需要建立连接的元件管脚上,单击,此时一根导线绘制完成。

(4) 此时鼠标指针仍处于如图 5-25 所示的状态,此时可以以刚才绘制的元件管脚为起始点。如果重复步骤 3,则将可以开始连接下一个元件管脚。

(5) 在以这个元件管脚为起始点的电气连接建立完成后,在工作窗口中右击结束这个元件管脚起始点的导线绘制。

(6) 此时可以重新选择需要绘制连接的元件管脚作为导线起始点,不需要以刚才的元件管脚为导线起始点。重复步骤 1、2、3 进行绘制,绘制完成后右击即可退出绘制状态。导线绘制的过程如图 5-26 所示,从 +5 开始绘制,然后绘制到 R24 的引脚上,可以看到导线在绘制过程中,凡是带有电气连接的都会有个蓝色的叉标记×。

注意:当鼠标指针移动到一个元件管脚上时,鼠标指针上的叉标记将变成红色,这样可以提醒设计者已经连接到了元件管脚上。此时可以单击以完成这段导线的绘制。

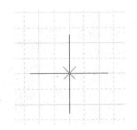

图 5-25 鼠标指针状态

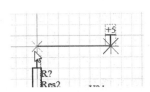

图 5-26 绘制导线的步骤

注意:用导线将两个管脚连接起来后,则在这两个管脚之间就实现了电气连接,任意一个建立起来的电气连接将被称为一个网络,每一个网络都有自己唯一的名称。

5.4.5 在原理图中放置电源/地符号

在电路建立起电气连接后,还需要放置电源/地符号。在电路设计中,通常将电源和地统称为电源端口。

1. 放置电源符号

在 Power Objects 工具栏中提供了丰富的电源符号。这里以放置电源符号为例来说明放置电源符号的步骤。其操作步骤如下。

(1) 单击"电源"工具栏中的▓按钮,鼠标指针将变成十字形状并附加着电源符号显示在工作窗口中,如图 5-27 所示。

(2) 移动鼠标指针到合适的位置,单击即可定位电源符号,鼠标指针恢复到正常状态。

(3) 连接电源符号到元件的电源管脚上。

2. 编辑电源符号属性

在放置好电源符号后,需要对电源符号属性进行设置。双击电源符号,即可弹出电源端口属性的对话框。如图 5-28 所示。

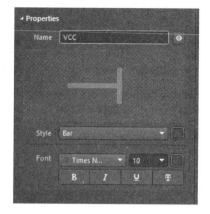

图 5-27　放置电源符号时的鼠标指针形状　　　　图 5-28　电源属性

在该对话框中主要设置 Name 属性,以及后面的"眼睛"图标,该图标按钮用于决定电源标号是否显示,即使不显示,也不能让 Name 文本框保持空白。

注意:网络是电源符号最重要的属性,它确定了符号的电气连接特性,不同风格的电源符号,如果 Net 属性相同,则就是同一个网络。

5.4.6　放置网络标号

在 Altium Designer 21 中除了通过在元件管脚之间连接导线表示电气连接之外,还可以通过放置网络标号来建立元件管脚之间的电气连接。

在原理图上,网络标号将被附加在元件的管脚、导线、电源/地符号等具有电气特性属性的对象上,说明被附加对象所在网络。具有相同网络标号的对象被认为拥有电气连接,且它们连接的管脚被认为处于同一个网络中,而且网络的名称即为网络标号名。绘制大规模电路原理图时,网络标号是相当重要的。具体的网络标号应用环境如下。

(1) 在单张原理图中,通过设置网络标号可以避免复杂的连线。

(2) 在层次性原理图中,通过设置网络标号可以建立跨原理图图纸的电气连接。

下面以放置电源网络标号为例来讲述具体的网络标号设置过程。因为网络标号也可用于建立电气连接,在放置网络标号前需要删除电源/地符号以及电源/地符号的连线。

1. 放置网络标号

通常情况下,为了保持原理图的美观,会将网络标号附加在和元件管脚相连的导线上。在导线上标注了网络标号后,和导线相连接的元件管脚也被认为和网络标号有关系。具体的网络标号放置步骤如下。

(1) 单击 按钮,鼠标指针将变成十字形状并附加着网络标号的标志显示在工作窗口中,如图 5-29 所示。

(2) 移动鼠标指针到网络标号所要指示的导线上,此时鼠标指针将显示蓝色的叉标记,提醒设计者鼠标指针已经到达合适的位置。

(3) 单击则网络标号将出现在导线上方,名称为网络标号名。

(4) 重复步骤(2)和步骤(3),为其他本网络中的元件管脚设置网络标号。

(5) 在完成一个网络设置后,在工作窗口中右击或者按 Esc 键即可退出网络标号放置的操作。

如果将网络标号放置了两次,则两次网络标号的名称会不相同,读者可能已经注意到,两次放置的两个标号是递增的,在 Altium Designer 21 中自动实现了数字的递增。如 NetLabel1、NetLabel2、NetLabel3 这三个网络标号名是递增的,这些网络标号因为不同名,所以它们之间并不能建立起电气连接,因此需要对网络标号进行属性设置。

2. 设置网络标号的属性

双击网络标号,即可进入网络标号属性编辑对话框,如图 5-30 所示。

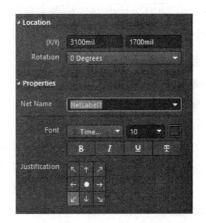

图 5-29 放置网络标号的鼠标指针   图 5-30 网络标号的属性

该对话框主要用于设置网络标号的名称,该名称是网络标号最重要的属性,它确定了该标号的电气特性。具有相同 Net 属性值的网络标号,它们相关联的元件管脚被认为处于同一网络,有电气连接特性。例如,如果将这两个网络标签 NetLabel1、NetLabel2 都设置为 D0,则这两个 D0 具有电气连接特性。

设置完成的网络标号如图 5-31 所示。

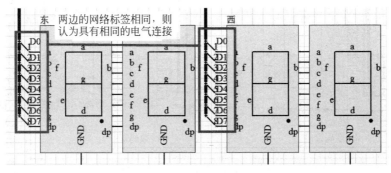

图 5-31 设置完成的网络标号

注意:

(1) 设置好网络标号后,现在两个网络标号因为都是 D0,所以被认为处于同一网络,它们有电气连接特性。

(2) 在原理图中为了避免出现过多的连接导线,很多图是用网络标号来连接元件的,这个时候要注意在放网络标号,移动网络标号到元件引脚时,要确定好标号的位置,不能离元件引脚太远,也不能太近,太远或太近都是没有电气特性的,只有移动到元件引脚上出现了叉标记提示,才说明已经连接成功,如果网络标号没有放置正确,那么在转换成PCB时,会发现有很多元件没有连接导线,只是一个个孤立存在的元件。

5.4.7   绘制原理图中的总线和总线分支

在大规模的电子设计中,存在着大量的连接线路,此时采用总线来连接可以减小连接线的工作量,同时增加电路图的美观度。

本小节以如图 5-32 所示的两个总线和总线分支为例。

1. 绘制总线

绘制总线之前需要对元件管脚进行网络标号标注,以表明电气连接。

如图 5-32 所示中的 D0～D7 为元件的网络标号标注。

根据上一节所介绍的知识,放置好了网络标号的原理图已经建立好了电气连接。但是为了让原理图更加美观易读,就需要绘制总线。绘制总线的步骤如下。

(1) 单击“画线”工具栏上的 ▉ 按钮,鼠标指针将变成十字形状显示在工作窗口中。

(2) 和绘制导线的步骤类似,在工作窗口中单击以确定导线的起点,移动鼠标,通过在工作窗口中单击来确定总线的转折点和终点。和绘制导线不同的是,总线的起点和终点不需要和元件中的管脚相连,只需要方便绘制总线分支即可。

(3) 绘制完一条总线之后,鼠标指针仍处于绘制的状态,重复步骤2可以绘制其他总线。

(4) 完成总线绘制后,在工作窗口中右击或者按 Esc 键即可退出绘制总线的状态。

如图 5-32 所示为绘制完的总线,图中的总线位置使得放置总线分支非常的容易。

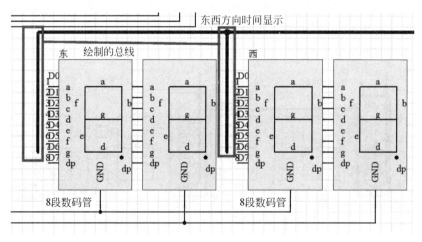

图 5-32   绘制完成的总线

双击总线,即可弹出总线属性编辑对话框。

在该属性对话框中,可以设置总线的宽度、颜色等属性。

2. 绘制总线分支

总线分支用于连接从总线和从元件管脚引出的导线。放置总线分支的步骤如下。

（1）单击"画线"工具栏上的 ▥ 按钮，鼠标指针变成十字
形状并附加着总线分支图标显示在工作窗口中，如图 5-33
所示。

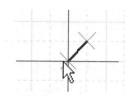

（2）通过按空格键调整鼠标指针附加的总线分支角
度，然后移动鼠标指针到总线和元件管脚上，鼠标指针的
叉标记变成红色后单击即可放置一个总线分支。

图 5-33 绘制总线分支的鼠标状态

（3）此时鼠标指针仍处于放置总线分支的状态，重复步骤（2）直到放置完所有需要的
总线分支。

（4）在工作窗口中右击或者按 Esc 键，退出放置总线分支的状态。

在完成总线分支绘制后，双击总线分支即可弹出总线入口属性编辑对话框。在该对
话框中可以设置总线分支的起点/终点位置、颜色以及宽度。

在完成总线分支放置后，即可完成总线的绘制。放置好分支的总线如图 5-34 所示。

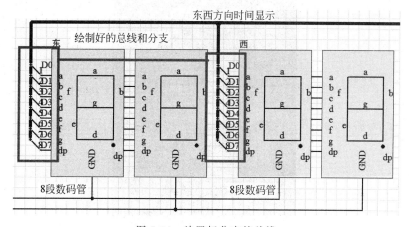

图 5-34 放置好分支的总线

5.4.8 放置端口

除了导线（总线）连接、设置网络标号之外，在 Altium Designer 21 中还有第三种方法
表示电气连接，那就是放置端口。

和网络标号类似，端口通过导线和元件管脚相连，两个具有相同名称的端口可以建立
起电气连接。与网络标号不同的是，端口通常用于表示电路的输入/输出，常用于层次电
路图中，普通单张电路图中一般不需要放置端口。

1. 放置端口

在原理图中放置端口需要以下的步骤。

（1）单击"画线"工具栏中的 ▱ 按钮，鼠标指针变成十字形状并附加一个端口图标显
示在工作窗口中，如图 5-35 所示。

（2）移动鼠标指针到合适的位置，单击以确定端口的一端。

（3）移动鼠标确定端口的长度后，单击以确定端口的位置。

（4）此时已经完成一个端口的放置，鼠标指针仍处于图 5-35 所示的状态，重复步骤（2）～步骤（4）可以继续放置其他的端口。

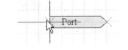

图 5-35　放置端口时的
鼠标指针状态

（5）在工作窗口中右击或者按 Esc 键即可退出放置端口的状态。

（6）设置端口属性，对端口进行连线。

2. 编辑端口的属性

放置端口后，需要设置端口属性。双击端口即可进入端口属性对话框，如图 5-36 所示，在该对话框中可以设置外形参数，也可以添加自定义参数。

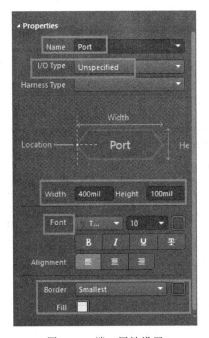

图 5-36　端口属性设置

在该对话框中注意几个方框的设置，特别注意 Name 和 I/O Type 属性的设置。

5.5　任务：绘制振荡电路原理图

在任务中，以绘制一个振荡电路来回顾一下电路绘制的所有方法。

本任务将介绍用三个晶体管来完成电路图的绘制方法。

5.5.1　设计结果及设计思路

1. 设计结果

该电路的电路图如图 5-37 所示。

绘制振荡
电路原理图

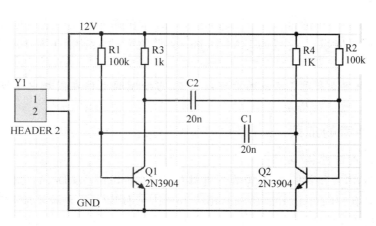

图 5-37 振荡器电路

2. 设计思路

（1）先看原理图中的元件，检查原理图中的元件在原理图元件库中是否能够找到。

（2）制作原理图中在元件库没有的元件。

（3）在项目文件中建立原理图文件，然后加载原理图元件库。

（4）将元件放置在图纸上。

（5）设置元件的参数。

（6）调整元件的布局。

（7）进行电路绘制。

（8）进行电路注释。

5.5.2 设置原理图图纸

（1）新建立一个工程文件 PCB_Project1.PrjPCB。

（2）在工程文件中新建立一个原理图文件，选择"文件"→"新建"→"原理图"命令，即可新建一个原理图文件。或者将鼠标指针移动到工程文件 PCB_Project1.PrjPCB 上右击，从弹出的快捷菜单中选择"添加新的…到工程"→Schematic 命令，如图 5-38 所示，也可以新建一个原理图文件。

图 5-38 选择 Schematic 命令

（3）打开一个空白的"原理图编辑"窗口，工作区此时发生了一些变化，在主工具栏中增加了一组新的按钮，出现了新的工具栏，并且在菜单中增加了新的菜单项。可以通过选择"文件"→"另存为"命令来重命名新原理图文件（扩展名为 *.SchDoc）。指定原理图保存的位置和名称后，单击"保存"按钮即可。

（4）选择主菜单中的"设计"→"文档选项"命令，在弹出的文档选项对话框中进行图纸设置。图纸保持默认设置，即 A4 图纸、水平放置、图纸格点为 10mil、电气格点为 10mil。

注意：图纸格点和电气格点的值可以改变，当绘制的元件在图纸中连接引脚不能对齐时则需要改动这两种格点。

5.5.3　元件库的加载

1.元件库的位置

2N3904 晶体管和其他电阻、电容元件都位于 Miscellaneous Devices.IntLib 元件库，而连接插座位于 Miscellaneous Connectors.IntLib 元件库。首先需要加载元件库，否则将无法完成元件的放置。

2.加载元件库

加载元件库的方法如下。

（1）选择 Panels→Components 命令。

（2）弹出如图 5-39 所示的库面板。

（3）如图 5-40 所示单击 ▤ 按钮，选择第一个 File-based Libraries Preferences... 选项。

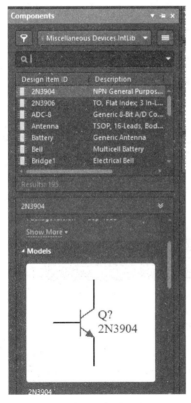

图 5-39　元件库面板

图 5-40　选择元件库

（4）单击打开的"可用的基于文件的库"对话框中的"安装"按钮，从弹出的对话框中选择所需要的元件库 Miscellaneous Devices. IntLib，该元件库位于 Altium Designer 21 安装程序文件夹 Library 中，单击"打开"按钮，将回到"可用的基于文件的库"对话框。

（5）单击"关闭"按钮，回到元件库面板。

5.5.4　元件的放置及导线连接

在加载元件库后，可以将元件库中原理图所需要的元件放置在原理图图纸上，放置元件时可以直接在元件库中浏览选择放置，也可以通过搜索方法进行放置，电路图中的元件放置步骤如下。

1. 放置三极管

（1）在原理图中我们首先要放置的元件是两个晶体管 Q1 和 Q2。Q1 和 Q2 是 BJT 晶体管，单击如图 5-39 所示元件库的下拉按钮，选择 Miscellaneous Devices. IntLib 元件库为当前库。

（2）在元件列表中单击 2N3904 选择它，双击 2N3904 元件名。鼠标指针将变成十字状，并且在鼠标指针上"悬浮"着一个晶体管的轮廓，现在处于元件放置状态，如果移动光标，晶体管轮廓也会随之移动。

（3）在原理图上放置元件之前，首先要编辑其属性。在晶体管悬浮在鼠标指针上时，按 Tab 键，这时将打开如图 5-41 所示的元件属性对话框。

（4）在对话框中 General 选项区，在标识符 Designator 文本框中输入 Q1 以将其值作为第一个元件序号。然后双击 Footprints 按钮检查在 PCB 中该元件的封装。我们使用的是集成元件库，这些库已经包括了封装和电路仿真的模型，确认在模型列表中含有模型名 TO-92A，保留其余栏为默认值。

（5）移动鼠标指针（附有晶体管符号）到图纸中间偏左一点的位置。

（6）当对晶体管的位置满意后，单击或按 Enter 键将晶体管放在原理图上。

（7）移动鼠标指针，晶体管已经放在原理图纸上了，而此时在鼠标指针上仍然悬浮着元件轮廓，Altium Designer 21 的这个功能有助于一次放置多个相同型号的元件。现在放置第二个晶体管。这个晶体

图 5-41　元件属性对话框

管同前一个相同，因此在放之前没必要再编辑它的属性。在放置一系列元件时 Altium Designer 21 会自动增加元件的序号值。在这个例子中，放下的第二个晶体管会自动标记为 Q2。

注意：要将悬浮在鼠标指针上的晶体管翻过来，可以按空格键实现 0°、90°、270°、360°

的方向旋转,按 X 键可以使元件水平翻转,按 Y 键实现元件垂直方向旋转,单独实现元件说明文字的旋转也可采用这种方法。

(8) 移动鼠标指针到 Q1 右边的位置。要将元件的位置放得更精确些,可按 PageUp 键放大至能够看见栅格线,就可以准确定位元件位置。将元件的位置确定后,单击或按 Enter 键放下 Q2。拖动的晶体管再一次放在原理图上后,下一个晶体管会悬浮在光标上准备放置。

由于已经放完了所有的晶体管,右击或按 Esc 键来退出元件放置状态。鼠标指针会恢复到标准箭头状态。

2. 放四个电阻(resistors)

(1) 在 Components 面板中,确认 Miscellaneous Devices. IntLib 库为当前库。

(2) 在元件列表中单击选择 RES1,然后单击放置按钮,将有一个电阻符号悬浮在鼠标指针上。

(3) 按 Tab 键编辑电阻的属性。在弹出的对话框的 General 选项区,在标识符 Designator 文本框中输入 R1 作为第一个元件序号。

(4) 检查元件的封装,确认名为 AXIAL-0.3 的模型包含在模型列表中。

(5) 按空格键将电阻旋转 90°。将电阻放在 Q1 基极的上边,然后单击或按 Enter 键放下元件。接下来在 Q2 的基极上边放另一个 100k 电阻 R2。

(6) 剩下两个电阻,R3 和 R4 的阻值为 1k,按 Tab 键打开元件属性对话框,改变 Value 文本框中的值为 1k,在 Parameters 列表中当 Value 被选择后按 Edit 按钮改变,单击"确认"按钮关闭对话框。

(7) 放完所有电阻后,单击或按 Esc 键退出元件放置模式。

3. 放置两个电容(capacitors)

(1) 电容元件也在 Miscellaneous Devices. IntLib 库里。

(2) 在元件库面板的元件过滤器栏输入 CAP。

(3) 在元件列表中单击选择 CAP,然后单击放置按钮,将有一个电容符号悬浮在光标上。

(4) 按 Tab 键编辑电容的属性。在弹出的对话框的 General 选项区,在标识符 Designator 文本框中输入 C1 作为第一个元件序号。

(5) 检查元件的封装,确认名为 RAD-0.3 的模型包含在模型列表中。

(6) 改变 Value 文本框的值为 20n,在 Parameters 列表中当 Value 被选择后按 Edit 按钮改变该文本框的值,单击"确认"按钮关闭对话框。

(7) 用这种方法放置两个电容。

(8) 放置完成后,右击或按 Esc 键退出放置模式。

4. 放置连接器(connector)

(1) 连接器在 Miscellaneous Connectors. IntLib 元件库里。

(2) 我们想要的连接器是两个引脚的插座,所以设置过滤器为 * 2 * 。

(3) 在元件列表中选择 HEADER2 并单击放置按钮。按 Tab 键编辑其属性并设置标识符为 Y1,检查 PCB 封装模型为 HDR1X2,单击"确认"按钮关闭对话框。

注意：在放置过程中可以按空格键或 X 键、Y 键来切换元件的方向。确定位置后即可放下连接器。

（4）右击或按 Esc 键退出放置模式。

5. 保存文件

选择"文件"→"保存"命令保存原理图。

注意：在 Figure 2 中的元件之间留有间隔,这样就有大量的空间用来将导线连接到每个元件引脚上。这很重要,因为不能将一根导线穿过一个引线的下面来连接在它的范围内的另一个引脚,如果这样做,两个引脚就都连接到导线上了。如果需要移动元件,按住鼠标左键并拖动元件重新放置即可。

放置元件后的图纸如图 5-42 所示。

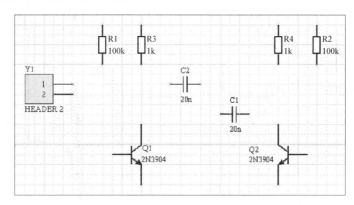

图 5-42　放置元件后的图纸

6. 连接电路

导线在电路中的各种元件之间起建立连接的作用。要在原理图中连线,可按照如下步骤进行。

（1）确认你的原理图图纸有一个好的视图,从菜单选择"查看"→"显示全部对象"命令。

（2）将电阻 R1 与晶体管 Q1 的基极连接起来。从菜单选择"放置"→"导线"命令或从 Wiring Tools(连线工具)工具栏单击 ≋ 工具按钮进入连线模式,鼠标指针将变为十字形状。

（3）将光标放在 R1 的下端。当放对位置时,一个红色的连接标记(大的叉标记)会出现在鼠标指针处,这表示鼠标指针在元件的一个电气连接点上。

（4）单击或按 Enter 键固定第一个导线点。移动鼠标会看见一根导线从鼠标指针处延伸到固定点。

（5）将光标移到 R1 的下边 Q1 的基极的水平位置上,单击或按 Enter 键在该点固定导线。在第一个和第二个固定点之间的导线就放好了。

（6）将鼠标指针移到 Q1 的基极上，会看见鼠标指针变为一个红色连接标记。单击或按 Enter 键连接到 Q1 的基极。

（7）完成这部分导线的放置。注意鼠标指针仍然为十字形状，表示准备放置其他导线。要完全退出放置模式，应该右击或按 Esc 键。

（8）将 C1 连接到 Q1 和 R1。将鼠标指针放在 C1 左边的连接点上，单击或按 Enter 键开始新的连线。

（9）水平移动鼠标指针一直到 Q1 的基极与 R1 的连线上。一个连接标记将出现，单击或按 Enter 键放置导线段，然后右击或按 Esc 键结束导线的放置。此时应注意两条导线是怎样自动连接上的。

然后如图 5-43 所示连接电路中的剩余部分。

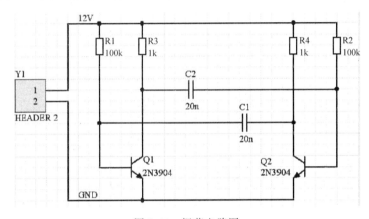

图 5-43　振荡电路图

在完成所有的导线之后，右击或按 ESC 键退出放置模式。鼠标指针恢复为箭头形状。

7. 网络与网络标签

彼此连接在一起的一组元件引脚称为网络（Net）。例如，一个网络包括 Q1 的基极、R1 的一个引脚和 C1 的一个引脚。

在设计中识别重要的网络是很容易的，即通过添加网络标签（Net Labels），在两个电源网络上放置网络标签的步骤如下。

（1）从菜单中选择"放置"→"Net 网络标签"命令，一个虚线框将悬浮在鼠标指针上。

（2）在放置网络标签之前应先进行编辑操作，按 Tab 键打开 Net Label 对话框。

（3）在 Net 文本框中输入 12V，然后单击"确认"按钮关闭对话框。

（4）将该网络标签放在原理图上，使该网络标签的左下角与最上边的导线靠在一起。

（5）放完第一个网络标签后，仍然处于网络标签放置模式，在放第二个网络标签之前再按 Tab 键进行编辑操作。在 Net 文本框中输入 GND，单击"确认"按钮关闭对话框并放置网络标签。

（6）保存电路图。

5.5.5　电路图的注释

（1）单击 □ 按钮，画出一个圆角矩形。

（2）单击 ▣ 按钮，按 Tab 键，弹出如图 5-44 所示的对话框。

（3）在 Text 文本框中输入"振荡电路"，如图 5-45 所示。

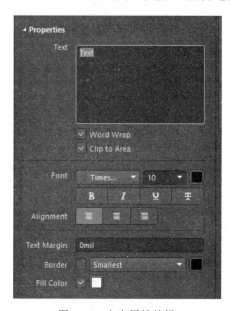

图 5-44　文字属性编辑

图 5-45　输入说明文字

到此为止，原理图的绘制基本完成，还可以在原理图上放置 ERC 检查点及 PCB 布线指示，那么接下来还需要对原理图进行错误检查。

项目自测题

（1）如何操作原理图元件库及如何搜索原理图库中的元件？

（2）如何在放置元件的过程中设置元件的属性及放置方向？

（3）如何对原理图视图进行操作？

（4）原理图绘制中有哪些电路绘制工具及如何使用？

（5）绘制如图 5-46 所示的电源电路。

项目 5 自测题自由练习

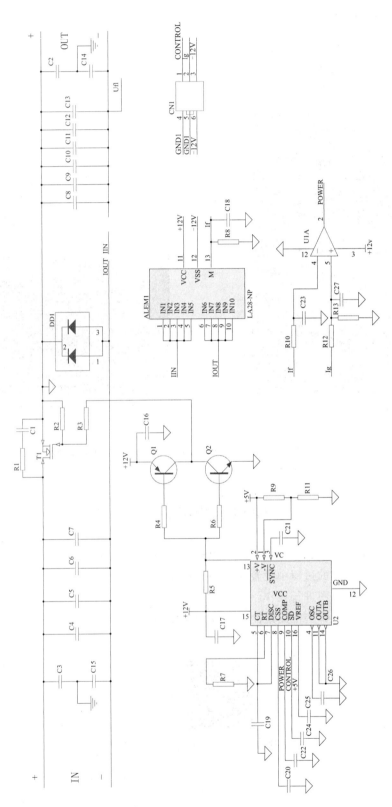

图 5-46 带强弱电的电源电路

PCB 封装库文件及元件封装设计

项目描述

虽然 Altium Designer 21 提供了大量丰富的元件封装库,但是在实际绘制 PCB 文件的过程中还是会经常遇到所需元件封装在 Altium Designer 21 提供的封装库中找不到的情况。这时,设计人员就需要自己设计元件封装,根据元件实际的引脚排列、外形、尺寸等创建元件封装。

本项目将详细介绍如何进行封装库的创建、元件封装的设计、元件封装的管理等操作。

项目导学

通过本任务的学习,读者需要达到以下要求。

(1) 掌握 PCB 封装元件文件创建方法。

(2) 掌握手动绘制元件封装的技巧。

(3) 掌握通过向导绘制元件封装的技巧。

(4) 掌握手动修改按向导绘制的元件封装的技巧。

(5) 掌握对 Altium Designer 21 集成 PCB 元件库的复制粘贴并编辑的技巧。

(6) 掌握元件封装的管理。

6.1 元件封装介绍

在绘制 PCB 文件的过程中有时不能在现有封装库中找到所需的元件封装,此时用户需要创建自己的封装库并且自己绘制元件封装。

6.1.1 封装库文件

新建封装库文件的方法很简单,单击选择"工程管理"→"添加新的…到工程"→PCB Library 命令,系统即在当前工程中新建一个 PcbLib 文件,如图 6-1 所示。也可通过选择"文件"→"新的"→"库"→"PCB 元件库"命令创建封装库文件。

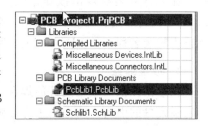

图 6-1 新建 PcbLib 文件

6.1.2   编辑工作环境介绍

打开 PCB 库文件,同时打开元件封装编辑器窗口,该编辑工作环境与 PCB 编辑器环境类似,如图 6-2 所示。元件封装编辑器窗口的左窗格是 PCB Library 面板,右窗格是作图区。

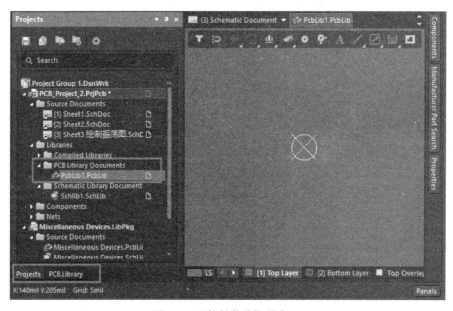

图 6-2   元件封装编辑器窗口

6.2   任务：手工创建元件封装

元件封装由焊盘和图形两部分组成,本任务以如图 6-3 所示元件封装为例介绍手工创建元件封装的方法。

绘制 8-5LED
封装

1. 新建元件封装

在 PCB Library 面板中的元件列表栏内右击,在系统弹出的快捷菜单中选择 New Blank Footprint 命令即可新建一个空的元件封装,如图 6-4 所示。

在元件列表栏双击该新建元件,系统弹出"PCB 库封装[mil]"对话框,用户可修改元件的名称、高度及注释信息,在此输入封装名称 8-5LED,如图 6-5 所示。

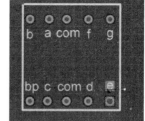

图 6-3   8-5LED 封装

2. 放置焊盘

在绘图区依次放置元件的焊盘,这里共有 10 个焊盘需要放置,焊盘的排列和间距要与实际元件的引脚一致。双击焊盘弹出焊盘属性设置对话框,如图 6-6 所示。

按如图 6-6 所示进行参数设置(主要是用方框所圈部分)。放置好的焊盘如图 6-7 所示。要注意如图 6-7 所示右下角的焊盘是方形,需要在焊盘属性设置对话框中进行设置。

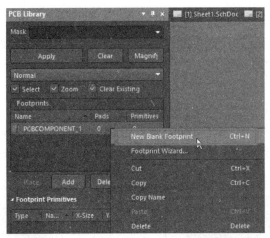

图 6-4　选择 New Blank Footprint 命令

图 6-5　"PCB 库封装[mil]"对话框

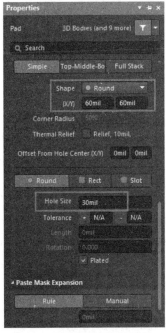

图 6-6　焊盘属性设置对话框

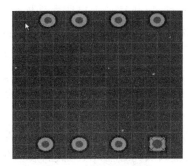

图 6-7　放置好的焊盘

3．放置文字

单击主菜单选择"放置"→"字符串"命令在 Top Overlay 层来给焊盘添加文字,按 Tab 键会出现属性对话框,进行"文本"和"层"属性的设置,如图 6-8 所示。放置文本后的焊盘如图 6-9 所示。

4．绘制图形

在 Top Overlay 层绘制元件的图形,绘制的图形需要参照元件的实际尺寸和外形。单击选择"放置"→"走线"命令,来绘制焊盘的外形走线,绘制完成后的元件封装如图 6-10 所示。

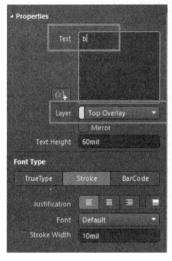

图 6-8　设置文本属性

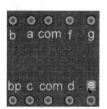

图 6-9　放置文本后的焊盘

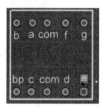

图 6-10　绘制好的 8-5LED 元件封装

6.3　任务：使用向导创建一个 DIP10 封装

创建 DIP10
封装

在上一个任务中介绍了手工创建元件封装的方法,本任务将介绍如何使用向导来创建封装,因为,电路图中有集成电路时,将需要使用集成电路封装,而向导可以创建很多集成电路的封装,并且对于集成元件库的封装,也可以对其进行修改成自己的封装。

在使用向导创建封装时,基本上是依次在"PCB 器件向导"对话框中单击 Next 按钮完成的,其中需要做的主要是定义焊盘的数量、焊盘的间距、焊盘的数目等。

（1）在 PCB Library 面板中的元件列表栏内右击,系统弹出快捷菜单,单击选择 Footprint Wizard 命令,如图 6-11 所示。启动新建元件封装向导后,系统弹出 Footprint Wizard 对话框,如图 6-12 所示。

（2）单击 Next 按钮,打开选择器件图案的对话框,从下拉列表框中选择元件的封装类型,这里以双列直插(DIP)式封装为例,选择英制单位,如图 6-13 示。

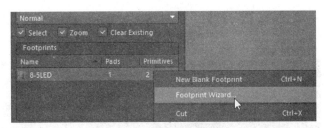

图 6-11　选择组件向导

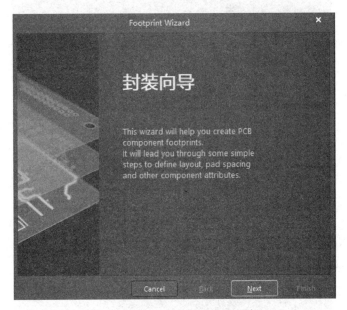

图 6-12　Footprint Wizard 对话框

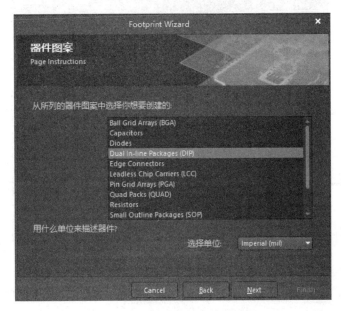

图 6-13　选择器件图案的对话框

（3）单击 Next 按钮，打开定义焊盘尺寸的对话框，设置焊盘高度和宽度，如图 6-14 所示。

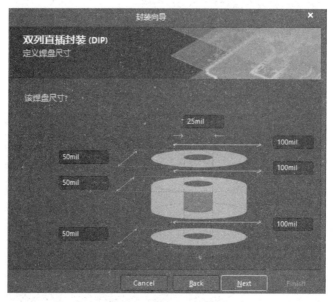

图 6-14   指定焊盘尺寸的对话框

（4）单击 Next 按钮，打开定义焊盘布局的对话框，按照用户选择的封装模式设置焊盘之间的间距，如图 6-15 所示。

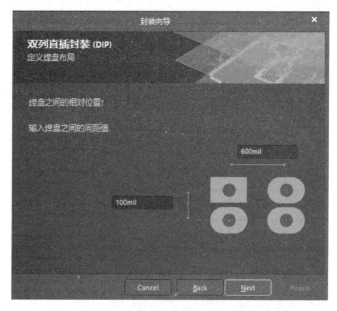

图 6-15   定义焊盘布局的对话框

（5）单击 Next 按钮，打开定义外框宽度的对话框，设置用于绘制封装图形的轮廓线的宽度，如图 6-16 所示。

图 6-16　定义外框宽度的对话框

（6）单击 Next 按钮，打开设定焊盘数量的对话框，指定元件封装的焊盘数，不同的封装模式焊盘数有不同的限制，例如 DIP10 封装的焊盘左右各 5 个共 10 个，同时焊盘必须成对出现，如图 6-17 所示。

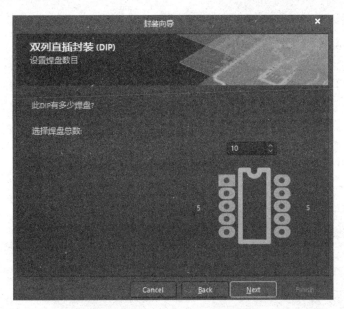

图 6-17　设定焊盘数目的对话框

（7）单击 Next 按钮，打开设置元器件名称的对话框，输入元件封装的名称（如 DIP10），如图 6-18 所示。

（8）单击 Next 按钮，打开元件封装向导完成的对话框。

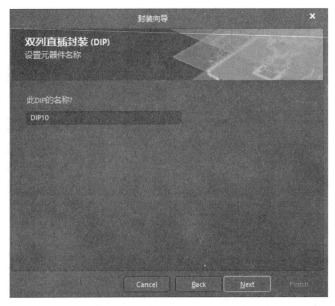

图 6-18　设置元器件名称的对话框

（9）单击 Finish 按钮完成元件封装的创建，创建好的 DIP10 封装如图 6-19 所示。

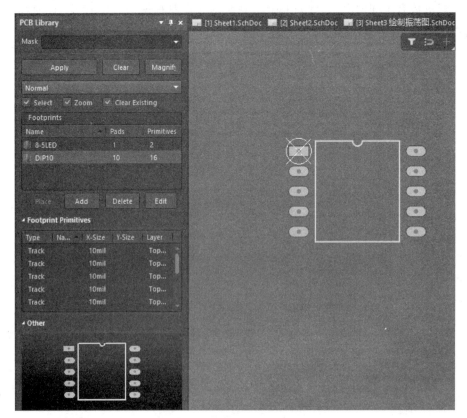

图 6-19　创建好的 DIP10 封装

这里值得注意的是,在绘制元件封装时,封装轮廓和焊盘的位置应尽量靠近绘图区的坐标原点,一般将第一个(通常标识符为 1 的)焊盘放置在原点上,因为该坐标原点即是元件封装的参考点,在 PCB 文件中放置封装时是以该参考点来确定鼠标指针的位置,如果封装轮廓和焊盘的位置离参考点较远,则在 PCB 文件中放置元件封装时就不在鼠标指针附近。

注意:对于向导绘制的元件封装由于不能满足电路需要,则需要手动更改焊盘的形状、大小、导线的距离、方向等。

另外,还可以如项目 4 制作原理图元件那样,将 Altium Designer 21 集成的 PCB 封装库元件复制到自己建立的 PCB Library(PCB 封装库)中进行修改编辑,例如可以将一个三极管的封装复制到自己的 PCB 库中将其修改为电位器的封装,然后保存为自己的元件库,这样可以省去许多工作量,从而提高工作效率,复制粘贴的操作步骤可以项目 4 中元件修改的相关内容叙述,只是要注意打开的是 PCB 下的库文件。

项目自测题

(1) 如何创建元件封装库? 如何从 PCB 文件创建元件封装库?

(2) 如何用修改后的元件封装替换 PCB 文件中的元件封装?

(3) 如何进行元件封装规则检查?

(4) 如何剪切、复制、粘贴、删除封装库中的元件封装?

(5) 绘制如图 6-20 所示的封装。

图 6-20　元件的封装

项目 6 自测题自由练习

项目 7

PCB 自动设计与手动设计

项目描述

本项目详细介绍如何设计 PCB 板,PCB 的设计可以有自动和手动两种方法。PCB 的自动布线可以大大减轻设计人员的工作量,在自动设计 PCB 的过程中应着重掌握加载网络表文件的方法和如何设置布线规则等。尽管 Altium Designer 21 自动布线的功能非常强大,但通常还需要对自动设计的 PCB 进行手动调整,因此掌握 PCB 的手动设计方法依然很重要。在手动设计 PCB 的过程中,需要掌握手动布局和手动布线等关键步骤的方法与技巧。此外,本项目还详细介绍了 PCB 编辑器参数的设置、电路板板框的设置、对象的编辑、添加泪滴及覆铜等操作。

项目导学

本项目详细介绍了 PCB 设计的步骤,在前面的 6 个项目中介绍了原理图的设计和 PCB 元件封装的设计,本项目将介绍 PCB 的设计。通过本项目的学习,读者要掌握以下内容。

(1)掌握 PCB 文件的建立。

(2)掌握 PCB 编辑参数设置的方法。

(3)掌握电路板板框设置的方法。

(4)掌握 PCB 规则的设置方法。

(5)掌握 PCB 添加泪滴及覆铜的方法。

7.1 PCB 自动设计的步骤

当完成电路原理图的设计后,还需要将原理图转换成相应的印制电路板图,Altium Designer 21 提供了自动布线的功能,能大大减轻工程师们的工作量。

PCB 的自动设计需要经过六个步骤。

(1)准备原理图。在设计 PCB 电路板前,一般应先画好原理图。

(2)新建 PCB 电路板。新建一个 PCB 电路板设计文件,在 PCB 电路板设计环境下绘制电路板框,如图 7-1 所示,板框是电路板的电气边界,一定要在 Keep Out 层上绘制,有时需在机械层上再绘制一个电路板的物理边界,物理边界通常在电气边界

图 7-1　绘制电路板框

之外。

（3）载入网络表。在原理图设计环境中，选择"设计"→Update PCB Document 命令载入网络表文件，弹出"工程更改顺序"对话框，单击"执行更改"按钮如果提示 Footprint not found in Library 错误，就会出现一些红色的叉，如图 7-2 所示。说明相应的元件封装库没有装入，如果没有错误，则再单击"生效更改"按钮。最后单击"关闭"按钮关闭对话框。

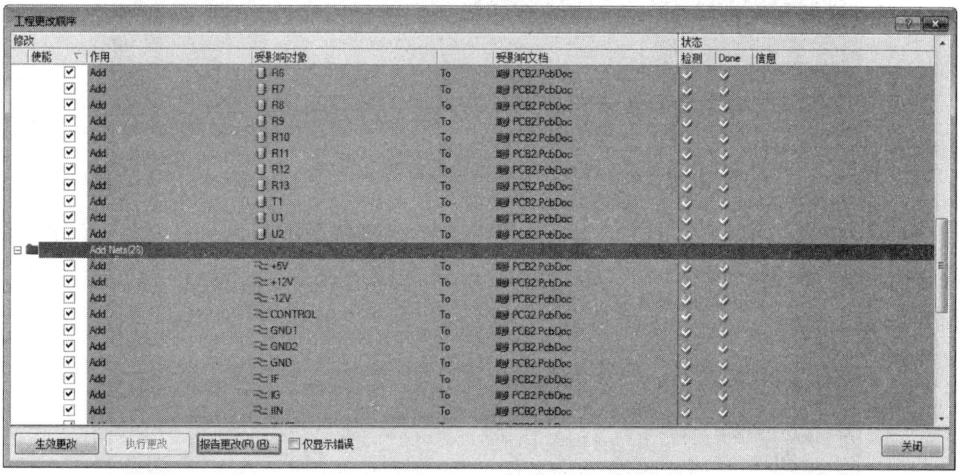

图 7-2　"工程更改顺序"对话框

注意：如图 7-2 所示只是一个示意图。

（4）设置布线规则。选择"设计"→"规则"命令弹出"PCB 规则及约束编辑器［mil］"对话框，设置电路板的布线规则，如图 7-3 所示。详细的规则设置在后面部分会进行介绍。

图 7-3　"PCB 规则及约束编辑器［mil］"对话框

（5）元件布局。载入网络表后需要对所有元件进行重新布局，可以采用手动布局方式，也可采用自动布局方式，如图 7-4 所示。

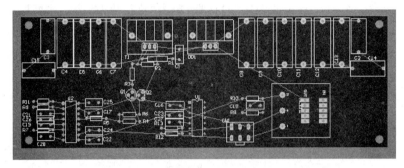

图 7-4　布局后的电路板

（6）自动布线及覆铜。选择"自动布线"→"全部"命令即可对整个电路板进行自动布线，然后进行覆铜，如图 7-5 所示为自动布线覆铜的结果。详细的操作后面会加以介绍。

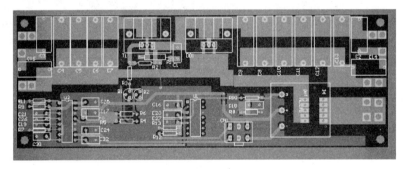

图 7-5　自动布线及覆铜的结果

7.2　任务：PCB 印制电路板自动布局操作

加载网络表之后需要对元件封装进行布局，布局就是在 PCB 板内合理的排列各元件封装，使整个电路板看起来美观、紧凑，同时要有利于布线，Altium Designer 21 提供了强大的自动布局功能。本任务将介绍自动布局的方法。

7.2.1　元件自动布局的方法

以图 7-5 所示的 PCB 为例，单击选择 Tools→Component Placement 菜单项。

如图 7-6 所示，在 Component Placement 菜单项下有很多子菜单，可以一个一个进行选择测试。但在该菜单项下没有自动布局的选项，只有按 Room 布局、按矩形区域排列等选项。当执行按矩形自动布局后，如果效果不好，如布局很凌乱，则需要手工调整布局。

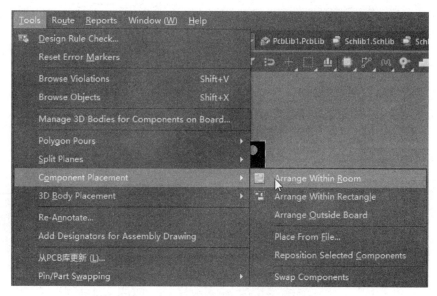

图 7-6　选择命令打开自动布局对话框

7.2.2　PCB 的布局操作

以如图 7-7 所示电路图为例介绍 PCB 的布局操作。

（1）新建一个 PCB 文件，并将其保存在这个原理图所在的工程文件中。由于原来已经有了一个 PCB 文件，新建的 PCB 文件会被自动命名为 PCB2. PcbDoc。然后，接下来可以设置 PCB 的布局布线区域。

（2）打开原理图，选择"设计"→Update PCB Document PCB2. PcbDoc 命令，弹出"PCB 规则及约束编辑器[mil]"对话框，如图 7-8 所示。

（3）出现"工程变更指令"对话框，如图 7-9 所示。

（4）单击"验证变更"和"执行变更"按钮，"工程变更指令"对话框发生了变化，如图 7-10 所示。

（5）此时，在 PCB 文件中已经导入了元件符号，如图 7-11 所示。

（6）将 PCB 布局框外面的元件全部选择后，拖动到 PCB 布局框内，如图 7-12 所示。

（7）执行器件布局。要注意的是，如果器件布局的效果不好，还需要进行手动布局，即手动调整元件的位置。

注意：Altium Designer 21 自动布局通常难以达到理想的布局效果，因此在自动布局后往往需要对 PCB 进行手动布局调整。如果元件比较少，则可以直接用鼠标拖动到 PCB 的图纸中，如果元件较多，则可以通过一些菜单命令来操作。一般情况下，自动布局的元件会有些重叠，则需要通过手动来调整，这个手动布局操作是需要经验的，要考虑 PCB 板的美观、连接线的方便、信号干扰小等因素。

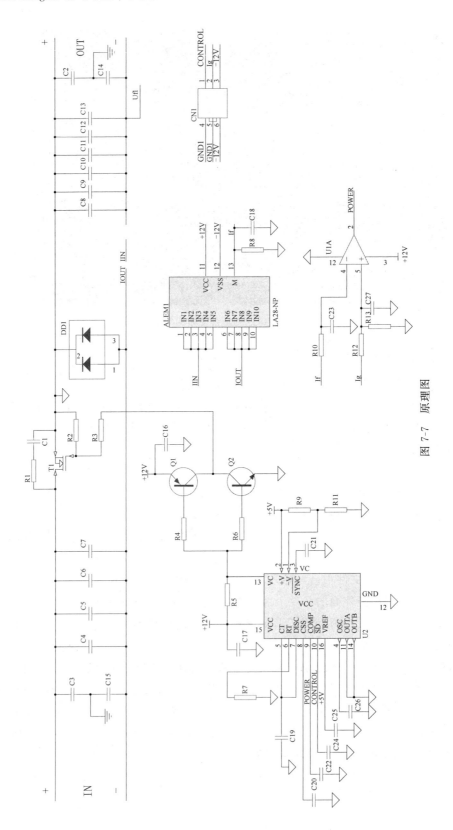

图 7-7 原理图

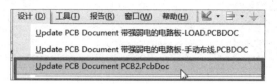

图 7-8　选择更新 PCB 命令

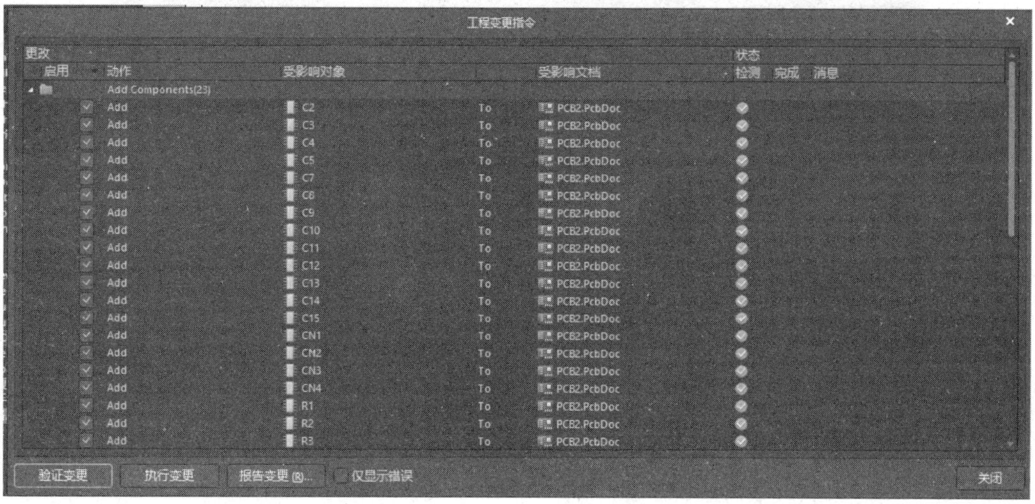

图 7-9　"工程变更指令"对话框

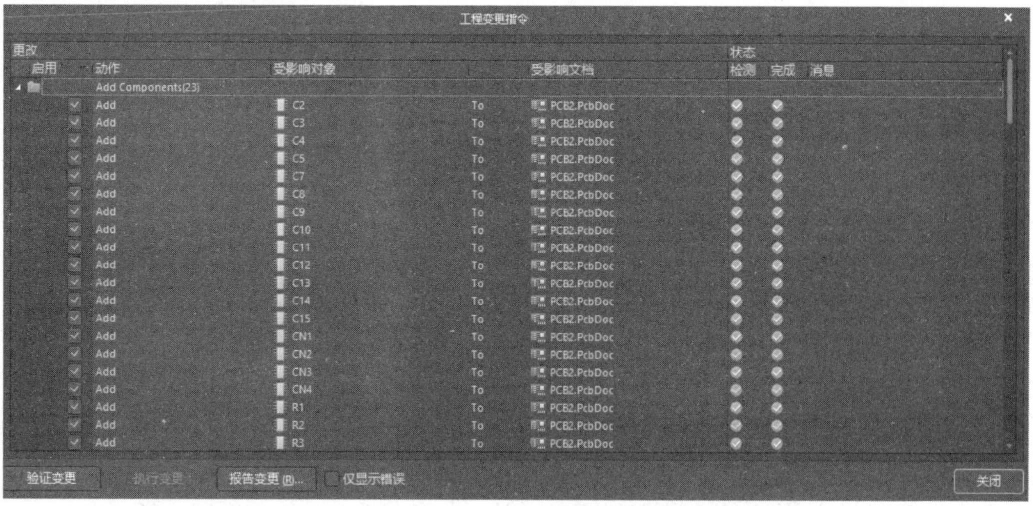

图 7-10　执行更改后的"工程变更指令"对话框

图 7-11   导入了 PCB 元件后的 PCB 窗口

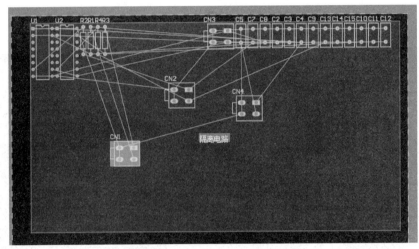

图 7-12   拖动 PCB 元件

7.3   任务：对 PCB 元件进行自动布线和手动布线

PCB 自动布局及手动调整布局完成以后就可以着手对 PCB 板进行自动布线了,PCB 自动布线也可以通过 PCB 窗口菜单中的命令来实现。同时,在开始自动布线之前要先设置好布线的规则,不然,布线是不能进行的。

7.3.1   设置自动布线规则

为了使自动布线的结果能符合各种电气规则和用户的要求,Altium Designer 21 提供了丰富的布线规则供用户设置,布线规则的设置是否合理将决定自动布线的结果。

单击选择 Design→Rules...命令,系统弹出"PCB 规则和约束编辑器"对话框,如图 7-13 所示。

在"PCB 规则及约束编辑器"对话框里包括 Electrical(电气)、Routing(布线)、SMT(表贴技术)、Mask(阻焊层)、Plane(电源层)、Testpoint(测试点)、Manufacturing(制造)、High Speed(高频)、Placement(布局)和 Signal Integrity(信号完整性)十大类规则,在每大类规则里又包含若干项具体的规则。在该对话框的左边树状列表框中将所有规则分成十个大类,每个大类下又有若干子类,每个子类下包含若干个具体的规则条目。

在每条具体的规则条目里都包含规则的名称、注释、唯一 ID、第一匹配对象的位置、第二匹配对象的位置(有的规则没有第二匹配对象)和约束条件等栏目。

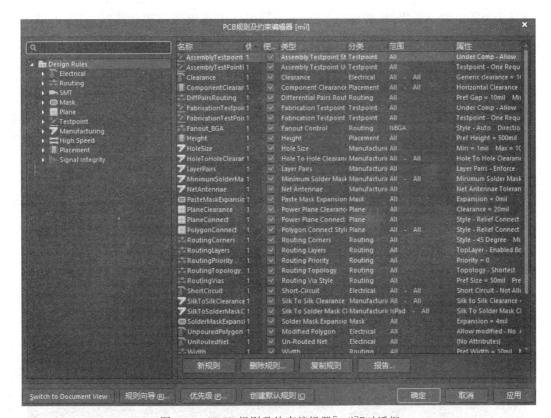

图 7-13　"PCB 规则及约束编辑器［mil］"对话框

系统会自动对新建的规则命名,用户可以在名称栏修改规则的名称,而注释栏用于设置注释信息,唯一 ID 栏一般不用修改,系统会自动对新规则生成一个唯一的 ID 号。

第一匹配对象的位置和第二匹配对象的位置栏用于设置规则适用的对象范围,范围包括所有的、网络、网络类、层、网络和层、高级(查询)等,用户可以在这六个单选框里任选一个。选中"所有的"单选框表示对象的范围是 PCB 中的所有对象,选中"网络"单选框表示对象的范围是某一网络,选中"网络类"单选框表示对象的范围是某一网络类,选中"层"单选框表示对象的范围是某一层上的所有对象,选中"网络和层"单选框表示对象的范围是某一网络和某一层上的所有对象,选中"高级(查询)"单选框表示对象的范围由右边的"询问助手"和"询问构建器"确定,右边的两个文本框分别用于选择网络、网络类和层。有些规则只需要指定一个适用的对象范围,因此第二匹配对象的位置栏并不是每条规则都有。

通常每条规则都有一定的约束条件,而且每条规则的约束条件都不相同,约束条件在对话框右边的底部,通常包含一些可供用户设置的约束条件和示意图。

7.3.2　新建布线规则

在设置时一般保持默认值就够了,通常设置得较多的是 Routing(布线)规则这一项。下面举一个新增布线的规则来加以说明。

在某个子类上右击,系统弹出如图 7-14 所示的快捷菜单,选择"新规则…"命令即可在该子类下添加一条规则,如图 7-15 所示。同时会出现规则设置对话框,如图 7-16 所示。在快捷菜单中"删除规则"命令用于删除一条规则。

图 7-14　选择"新规则…"命令

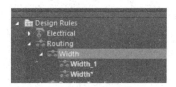

图 7-15　添加规则

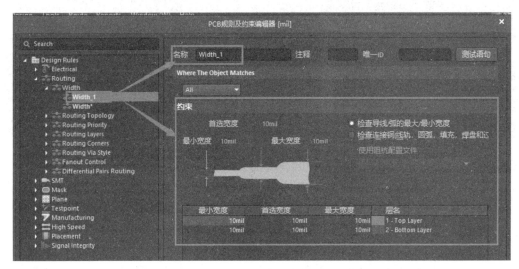

图 7-16　规则设置对话框

7.3.3　元件的自动布线

设置好与布线有关的规则以后就可以开始自动布线了。单击选择"自动布线"菜单,该菜单下各命令不仅可以对整个 PCB 进行自动布线,还可以对指定的网络、网络类、Room 空间、元件及元件类等进行单独的布线。

1. 全部

单击选择 Route→Auto Route→All…命令,系统将弹出"Situs 布线策略"对话框,如图 7-17 所示。

单击"编辑规则…"按钮系统将弹出"PCB 规则和约束编辑器"对话框供用户修改布线规则,单击"报告另存为…"按钮将可以保存布线设置报告。

在"Situs 布线策略"对话框的"布线策略"选项区的列表框中列出了六个默认的可选布线策略,用户可以复制这六个策略但不能编辑和删除它们,另外用户可以添加、编辑、删

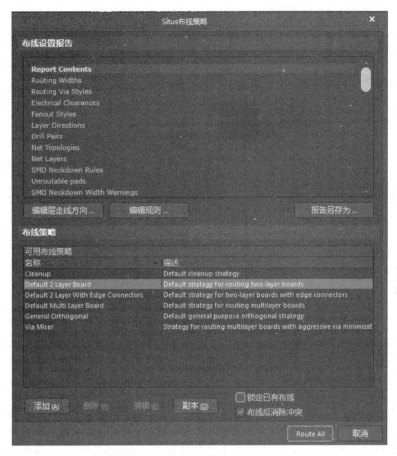

图 7-17　"Situs 布线策略"对话框

除、复制自定义的布线策略。

　　如果选中"Situs 布线策略"对话框中的"锁定已有布线"复选框,则在自动布线前手动放置的导线将不会被自动布线器重新布线。

　　设置并选择好布线策略以后,单击"Situs 布线策略"对话框中的 Route All 按钮即可开始对 PCB 上的所有对象进行自动布线。在自动布线过程中,系统将在弹出的 Messages 对话框里显示当前自动布线的进展,如图 7-18 所示。

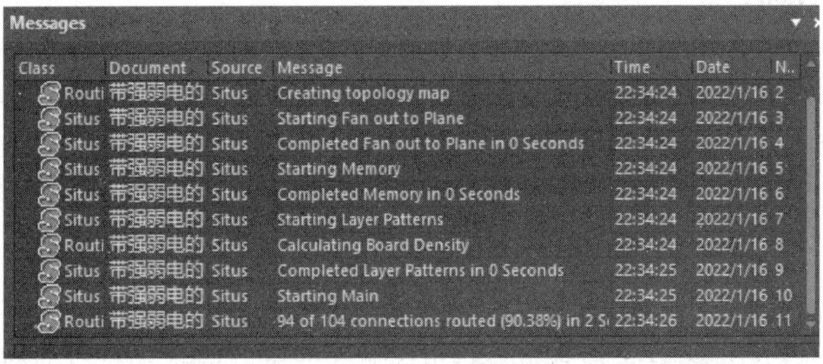

图 7-18　Messages 对话框

当 Messages 对话框中显示布线操作已完成 100%时，表明布线已全部完成。

注意：有些复杂电路在自动布线时并不能全部布通，此时 PCB 上会留有一些飞线，说明自动布线器无法完成这些连接，需要用户手动完成这些布线。

自动布线的子菜单如图 7-19 所示。

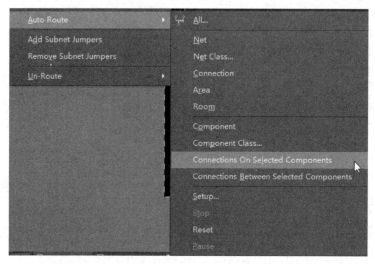

图 7-19　自动布线的子菜单

2．Net

选择 Auto Route→Net 命令用于对某个网络进行单独布线。单击选择该命令，此时鼠标指针将变成十字形状，单击任何一条飞线或焊盘，自动布线器将对该飞线或焊盘所在的网络进行自动布线。此时系统仍处于网络布线的状态，用户可以继续对其他的网络进行布线，右击或按下 Esc 键可退出该状态。

3．Net Class

选择 Auto Route→Net Class...命令用于对指定的网络类进行自动布线。单击选择该命令，系统将弹出一个对话框供用户选择要进行布线的网络类，选定网络类后系统将对该网络类进行自动布线。

4．Connection

选择 Auto Route→Connection 命令可对指定连接进行单独布线，连接在 PCB 中用飞线表示，该命令仅用于对选定的飞线进行布线而不是飞线所在的网络。选择该命令后，鼠标指针将变成十字形状，单击任何一条飞线或焊盘，自动布线器将对该飞线进行自动布线。此时系统仍处于布线状态，用户可以继续对其他的连接进行布线，右击或按 Esc 键可退出该状态。

5．Area（区域）

选择 Auto Route→Area 命令可对指定区域内的所有网络进行自动布线。选择此命令，此时鼠标指针将变成十字形状，然后在 PCB 中确定一个矩形区域，此时系统将对该区域内的所有网络进行自动布线。

6. Room(空间)

选择 Auto Route→Room 命令可对指定 Room 空间内的所有网络进行自动布线。选择此命令,此时鼠标指针将变成十字形状,在 PCB 中选择一个 Room 并单击,系统将对该 Room 空间内的所有网络进行自动布线。

7. Component(元件)

选择 Auto Route→Component 命令可对与某个元件相连的所有网络进行自动布线。选择此命令,此时鼠标指针将变成十字形状,单击任何一个元件,自动布线器将对与该元件相连的所有网络进行自动布线。

8. Component Class(器件类)

选择 Auto Route→Component Class 命令可对与某个元件类中的所有元件相连的全部网络进行自动布线。选择该命令,系统将弹出一个对话框供用户选择要进行布线的元件类,当选定元件类后系统将对与该元件类中的所有元件相连的全部网络进行自动布线。

9. Connections On Selected Components(在选择的元件上连接)

选择 Auto Route→Connections On Selected Components 命令可对与选定元件相连的所有飞线进行自动布线。选定元件后选择此命令,系统将对与该元件相连的所有飞线进行自动布线。

10. Connections Between Selected Components(在选择的元件之间连接)

选择 Auto Route→Connections Between Selected Components 命令可对所选元件相互之间的飞线进行自动布线。选定元件后选择此命令,系统将对所选元件相互之间的飞线进行自动布线。

11. Fanout(扇出)

选择 Auto Route→Fanout 命令可对所选对象进行扇出布线,该操作需要设置扇出控制(Fanout Control)规则。该操作对复杂的高密度 PCB 设计的自动布线非常有用。

12. Setup(设定)

选择 Auto Route→Setup 命令可设置布线规则和布线策略。

13. Stop(停止)

选择 Auto Route→Stop 命令将停止当前的自动布线操作。

14. Reset(重置)

选择 Auto Route→Reset 命令将重新开始自动布线操作。

15. Pause(暂停)

选择 Auto Route→Pause 命令将暂停当前的自动布线操作。

7.3.4　PCB 元件的手动布线

对 PCB 进行布线是个复杂过程,需要考虑多方面的因素,包括美观、散热、干扰、是否便于安装和焊接等。而基于一定算法的自动布线往往难以达到最佳效果,这时便需要借助手动布线的方法加以调整。

1. 拆除不合理的自动布线

对于自动布线结果中不合理的布线可以直接删除,也可以通过选择 Route→Un-Route 命令来拆除,如图 7-20 所示。这些菜单项分别用来取消全部对象(All)、指定的网络(Net)、连接(Connection)、元件(Component)和 Room 空间的布线,被取消布线的连接又重新用飞线表示,如图 7-21 所示。

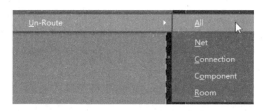

图 7-20   Un-Route(取消布线)菜单

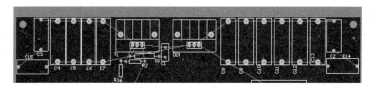

图 7-21   取消布线后的连接

2. 添加导线及属性设置

用手动添加导线的方法对被拆除的导线进行重新布线。单击工具栏的 🔌 按钮即可进入添加导线的状态,在放置导线之前首先要选中准备放置导线的信号层,例如选中 Bottom 层。在添加导线的状态下鼠标指针呈现十字形状,在任意一点单击以放置导线的起点,如图 7-22 所示。连续多次单击可以确定导线的不同段,一根导线布线完成后右击即可,要退出添加导线的命令状态可以再次右击或按 Esc 键。

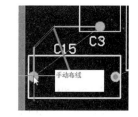

图 7-22   放置导线的起点

手工布线的导线共有 5 种转角模式,包括 45°转角、90°转角、45°弧形转角、90°弧形转角和任意角度转角。在放置导线的起点以后,可以通过按快捷键 Shift+Space 在这 5 种模式间切换,另外,还可以按 Space 键选择布线是以转角开始还是以转角结束。

在手动布线时有时可能需要切换导线所在的信号层,在确定放置导线的起点以后按键盘上数字区的 * 、+和-键可以切换当前所绘导线所在的信号层。在切换的过程中,系统自动在上下层的导线连接处放置过孔。

7.3.5   PCB 的自动布线和手动布线

以 7.2 节中介绍的原理图和 PCB 文件为例来介绍相关操作。

（1）将元件进行手动布局调整，调整到如图 7-23 所示的样子。

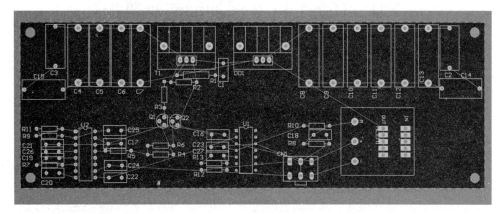

图 7-23　手动调整布局

（2）布线规则的建立。

（3）进行自动布线，自动布线的结果如图 7-24 所示。

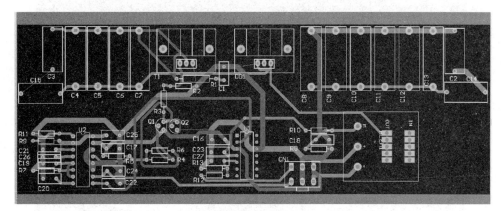

图 7-24　自动布线结果

可以看到，有些线还是飞线，并且布线的走向不是很合理，因此，需要手动调整，一个是调整线宽，另一个是调整走向。调整过程不是一下子完成的，要慢慢调整。

（4）手动调整后的布线如图 7-25 所示。这是如图 7-24 所示下半部分调整后的示意图。

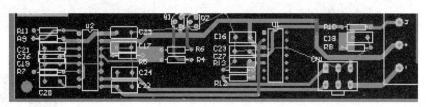

图 7-25　手动调整后的布线结果

7.4　任务：PCB 添加泪滴及覆铜

当 PCB 布线完成后，PCB 设计工作还没有完成，还需要对 PCB 进行添加泪滴及覆铜，因为 PCB 直接布线后，导线与焊盘的接头比较脆弱，如果直接拿出来加工制板，焊盘处容易断线，同时，对于 PCB 还要注意抗干扰的情况，因此需要通过覆铜来增加接地。

本任务将对添加泪滴及覆铜进行介绍。

7.4.1　添加泪滴

添加泪滴是指在导线与焊盘/过孔的连接处添加一段过渡铜箔，过渡铜箔呈现泪滴状。泪滴的作用是增加焊盘/过孔的机械强度，避免应力集中在导线与焊盘/过孔的连接处，而使连接处断裂或焊盘/过孔脱落。对于高密度的 PCB 由于其导线的密度高、线径细，在钻孔等加工过程中容易造成焊盘/过孔的铜箔脱落或连接处的导线断裂。添加泪滴的方法如下。

单击选择 Tools→Teardrop...命令，系统弹出"泪滴"对话框，如图 7-26 所示。

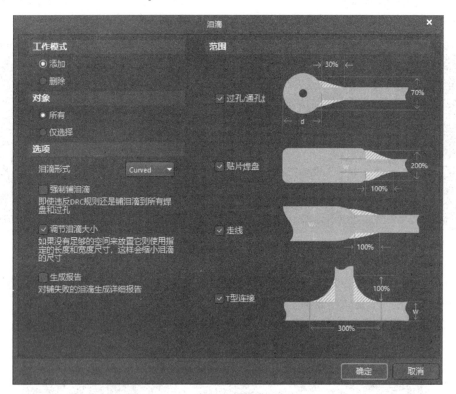

图 7-26　"泪滴选项"对话框

一般对于各选项保持默认选项即可，单击"确定"按钮对焊盘/过孔添加泪滴，添加泪滴前后的焊盘如图 7-27 所示。

注意：添加泪滴的原因，一是为了图纸的焊盘看起来较为美观，二是因为在制作 PCB 时，有泪滴可以在钻孔时避免将焊盘损坏。

图 7-27　添加泪滴前后的焊盘对比

7.4.2 添加覆铜

网格状填充区又称覆铜,覆铜就是将电路板中空白的地方铺满铜箔,添加覆铜不仅仅是为了好看,最主要的目的是提高电路板的抗干扰能力,起到屏蔽外界干扰的效果,通常将覆铜接地,这样电路板中空白的地方就铺满了接地的铜箔,如图 7-28 所示。

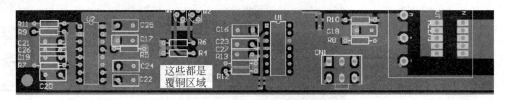

图 7-28 电路板中的覆铜

单击选择 Place→Polygonal pour 命令,按 Tab 键,系统弹出覆铜对话框,如图 7-29 所示。

Filling mode(填充模式)栏用于选择覆铜的填充模式,共有 3 种填充模式,即实心填充(铜区)Solid filling、影线化填充 Hatched(导线/弧)及无填充 None(只有边框),一般选择 Hatched 即影线化填充(导线/弧)。

选择影线化填充后对话框的中间将显示影线化填充的具体参数设置,包括导线宽度、网格尺寸、围绕焊盘的形状及影线化填充模式等,一般保持默认选项即可。

在属性栏可以设置覆铜所在的层、最小图元长度及是否锁定图元等。网络选项栏连接到网络下拉列表用于设置覆铜所要连接的网络,一般选择接地网络(如GND)或不连接到任何网络(No Net)。Pour Over 下拉列表框用于设置覆铜覆盖同网络对象的方式,Remove Dead Copper(删除死铜)复选框用于设置是否删除没有焊盘连接的铜箔。

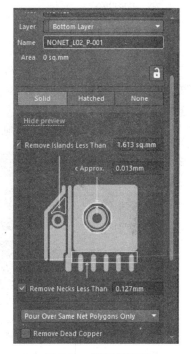

图 7-29 覆铜对话框

在工作窗口中单击后,鼠标指针将变成十字形状,连续单击确定多边形顶点,然后右击,系统将在所指定多边形区域内放置覆铜,效果如图 7-28 所示。

要修改覆铜的设置可在覆铜上双击,系统将再次弹出覆铜对话框,修改好相应参数以后单击 OK 按钮,系统将弹出一个提示对话框,提示用户确认是否重建覆铜。

当指定了覆铜连接的网络时,覆铜与指定网络焊盘的连接样式由设计规则中的Polygon Connect Style(覆铜连接风格)规则决定。

7.4.3 添加矩形填充

矩形填充可以用来连接焊点,具有导线的功能。放置矩形填充的主要目的是使电路板良好接地、屏蔽干扰及增加通过的电流,电路板中的矩形填充主要都是地线。在各种电器电子设备中的电路板上都可以见到这样的填充,如图 7-30 所示。

单击选择 Place→Fill("放置"→"填充")命令,此时鼠标指针标将变成十字形状,在工作窗口中单击确定矩形的左上角位置,最后再单击确定右下角坐标并放置矩形填充,如图 7-31 所示。矩形填充可以通过旋转、组合形成各种形状。

图 7-30　电路板上的
　　　　矩形填充

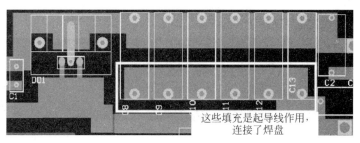

这些填充是起导线作用,
连接了焊盘

图 7-31　放置矩形填充后的效果

要修改矩形填充的属性可在放置矩形填充时按 Tab 键,或者双击矩形填充,系统弹出填充对话框。在该对话框中可设置矩形填充的顶点坐标、旋转角度(可以自己输入度数)、矩形填充所在层面、矩形填充连接的网络、是否锁定及是否作为禁止布线区的一部分等。

执行完成的结果如图 7-32 所示。

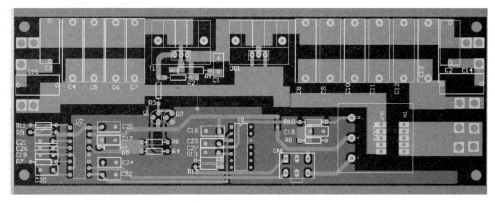

图 7-32　完成添加覆铜、泪滴和填充的 PCB 板

项目自测题

(1) 简述 PCB 自动设计的步骤。

(2) 新建 PCB 文件的方法有哪些?

(3) 简述加载网络表文件的过程。

(4) 自动布局包括哪两种方式? 两者有何区别?

(5) 元件编辑操作有哪些?

(6) 元件手动布局所需的主要操作有哪些?

（7）简述添加泪滴、覆铜、矩形填充的作用。

（8）新建一个 PCB 文件，在 KeepOut 层绘制长×宽为 3200mil×2300mil 的电气边框，在 Mechanical 1 层绘制物理边框，物理边框与电气边框间距为 50mil 即 3300mil×2400mil。

（9）在上题的基础上，放置尺寸标注于 Mechanical 1 层，在电气边框的四个角分别放置孔径为 3mm 的固定螺丝孔。

（10）如图 7-33 所示为某电路原理图，采用手动布线为该电路设计单面印制电路板。手动制板完成后，再练习双面板的制作。

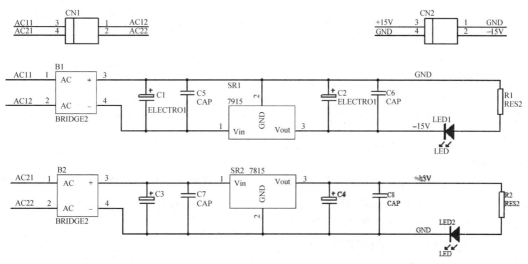

图 7-33　某电路原理图

项目 7 自测题自由练习

项目 8

带强弱电的电路板绘制

带强弱电的
电路板原理
图介绍

带强弱电的
电路板 PCB
介绍

项目描述

本项目将以一个综合实例来介绍 PCB 板制作的全过程,首先是文件系统的建立,然后是元件库的设计,接着是绘制原理图,最后是制作 PCB。通过本项目巩固练习 PCB 设计的全过程。

项目导学

本项目是按电路设计的全过程来介绍的,通过学习要达到以下学习要求:

(1)掌握文件系统的建立方法。

(2)掌握原理图元件的绘制方法。

(3)掌握 PCB 封装的制作方法。

(4)掌握给元件添加封装的方法。

(5)掌握绘制 3D 模型的方法。

(6)掌握 PCB 规则的设计方法。

(7)掌握 PCB 的布局布线方法。

(8)掌握 PCB 的覆铜、泪滴、过孔的添加方法。

8.1 工程文件的创建及原理图图纸设置

在进行电路设计时首先要创建工程文件,然后在工程文件中建立原理图文件,建立原理图文件后,设置原理图的图纸参数。这是本项目电路设计的一个准备过程。

8.1.1 创建一个新的 PCB 设计工程

创建一个新的 PCB 工程步骤如下。

(1)在主菜单中选择"文件"→"新的"→"项目"命令,如图 8-1 所示。

(2)Projects 面板出现后,可以重新命名这个工程文件,通过选择"文件"→"保存工程为"命令来保存并重命名工程文件(扩展名为.PrjPcb)。

8.1.2 创建一个新的原理图图纸

(1)单击选择"文件"→"新的"→"原理图"命令,或右击工程文件,通过在快捷菜单中选择"添加新的...到工程"→Schematic 命令来创建,如图 8-2 所示。默认的原理图文件名

图 8-1　新建一个工程文件

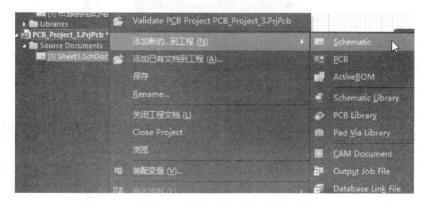

图 8-2　建立一个原理图文件

为 Sheet1.SchDoc,如图 8-3 所示。

（2）通过选择"文件"→"保存为"命令来重命名新原理图文件（扩展名为.SchDoc）。

图 8-3　已经建立的原理图文件名

（3）空白原理图纸自动打开后,此时的工作区窗口发生了变化。原理图绘制窗口为此时已经注册的窗口。

8.1.3　设置原理图选项

在绘制电路图之前首先要做的是设置合适的文档选项,具体操作步骤如下。

（1）从右下角选择选择 Panels→Properties 命令,打开 Properties 对话框,如图 8-4 所示。

（2）如图 8-4 所示进行设置,完成后单击完成按钮关闭对话框,更新图纸大小。

（3）为了便于查看整个原理图,在设计时可以选择"视图"→"适合文件"命令,将原理图中的元件对象全部显示在可视区。

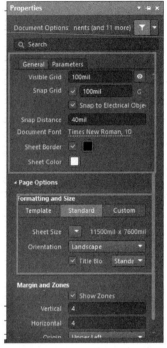

图 8-4　文档选项

8.2　任务：建立 PCB 工程文件及原理图文件并设置图纸

前面介绍了新建立工程文件、原理图文件及设置原理图图纸的方法。接下来按上面介绍的方法进行简单操作。

（1）建立工程文件。建立工程文件的方法不再赘述。工程文件创建后，将工程文件保存在 F 盘的 Altium 21 带强弱电路的电路板文件夹下面，如图 8-5 所示。

图 8-5　保存工程文件

（2）在工程文件上面新建原理图文件，并保存，如图 8-6 所示。

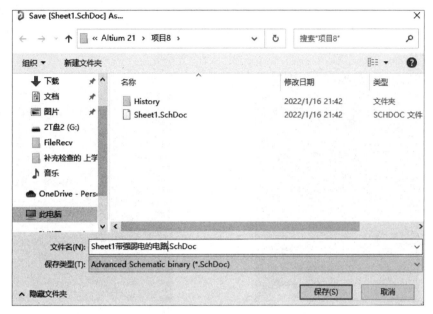

图 8-6　保存原理图文件

（3）设置原理图图纸参数，一般情况下选择默认值即可。

8.3　任务：创建新的原理图元件

由于有些元件没有现成的，需要自己绘制，在本任务中将介绍在带强弱电的电路图中对需要自己绘制的这些元件的绘制方法。

8.3.1　绘制原理图元件

（1）右击工程文件，通过在弹出的快捷菜单中选择"添加新的…到工程"→Schematic Library 命令来打开新元件的编辑界面，如图 8-7 所示。

图 8-7　创建新原理图库

（2）在 SCH Library 面板上的 Components 列表中选中 Component_1 选项，双击该元件或者单击"编辑"按钮，出现属性对话框，如图 8-8 所示。弹出重命名元件对话框，输入一个新的、可唯一标识该元件的名称，如 SG3525A（这里以元件 SG3525A 为例），如图 8-9 所示。

图 8-8　单击"编辑"按钮

图 8-9　重新命名元件

（3）选择"放置"→"矩形"命令或单击 图标按钮（该图标在如图 8-9 所示的工具栏处可找到），此时鼠标指针变成十字形，并带有一个矩形的形状。在图纸中移动鼠标指针到坐标原点（0,0），单击确定矩形的一个顶点，然后继续移动鼠标指针到另一位置，单击以确定矩形的另一个顶点，这时矩形放置完毕，右击退出绘制矩形的工作状态（图 8-10）。在图纸上双击矩形，弹出如图 8-11 所示的对话框，设计者可设置矩形的属性，设置完属性后，单击完成按钮，返回工作窗口。

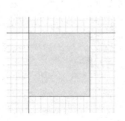

图 8-10　绘制矩形边框

图 8-11　设置矩形框的属性

（4）绘制完成的矩形如图 8-12 所示。

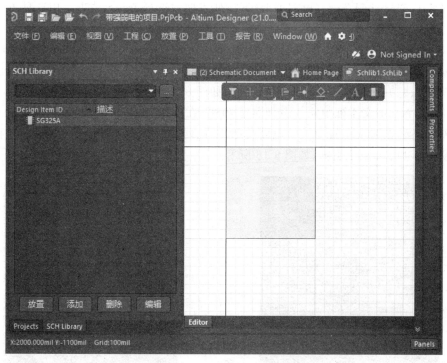

图 8-12 元件边框绘制完成

（5）为元件添加引脚。单击选择"放置"→"引脚"命令或单击工具栏的 ![按钮] 按钮，鼠标指针处浮现引脚，带电气属性，如图 8-13 所示。放置之前，按 Tab 键打开 Pin 属性对话框，如图 8-14 所示。如果在放置引脚之前先设置好各项参数，在放置引脚时，这些参数将成为默认参数，连续放置引脚时，引脚的编号和引脚名称中的数字会自动增加。

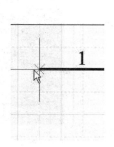

图 8-13 带着引脚的鼠标指针

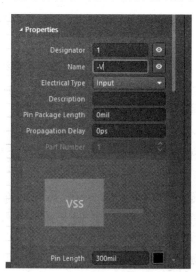

图 8-14 Pin 属性对话框

（6）在 Name 文本框中输入引脚名字－V，在 Designator(标识)文本框中输入唯一的引脚编号 1，Electrical Type(电器类型)下拉列表框中选择 Input 选项。用这种方法依次设置 1、2、3 三个引脚。

（7）在 Name 文本框中输入引脚名字 CT，在 Designator(标识)文本框中输入唯一的引脚编号 5，Electrical Type(电器类型)下拉列表框中选择 Passive 选项，用这种方法依次设置 5、6、7、8、9、10、12、13、15、16 七个引脚，如图 8-15 所示。

（8）在 Name 文本框中输入引脚名字 OSC，在 Designator(标识)文本框中输入唯一的引脚编号 4，在 Electrical Type(电器类型)下拉列表框中选择 Output 选项，用这种方法依次设置 4、11、14 三个引脚，如图 8-16 所示。

图 8-15　第 5 脚设置

图 8-16　第 4 脚属性设置

（9）完成绘制后，单击选择"文件"→"保存"命令保存建好的元件。

8.3.2　为原理图元件添加封装模型

（1）原理图元件绘制完成后，单击选择主菜单中的"工具"→"符号管理器"命令，如图 8-17 所示。出现"模型管理器"对话框，如图 8-18 所示。

（2）选择元件，单击 Add Footprint 按钮，显示"PCB 模型"对话框，如图 8-19 所示，在"封装模型"选项区的"名称"文本框中输入封装名 DIP16，在"PCB 元件库"选项区中选中"任意"单选按钮，单击"浏览"按钮打开"浏览库"对话框，如图 8-20 所示。

（3）如果当前库文件中不存在，需要对其进行搜索。在"浏览库"对话框单击"查找"按钮，显示"基于文件的库搜

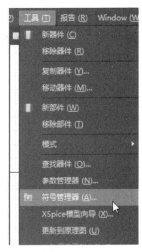

图 8-17　选择"工具"→"符号管理器"命令

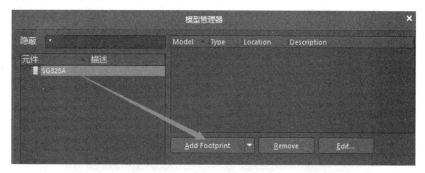

图 8-18 "模型管理器"对话框

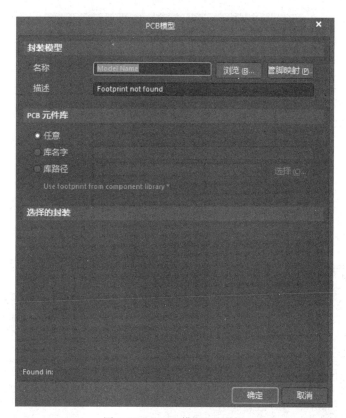

图 8-19 "PCB 模型"对话框

索"对话框,如图 8-21 所示。在"字段"下拉列表框中选择 Name 选项;在"运算符"下拉列表框中选择 contains 选项;在"值"下拉列表框中选择 DIP16 选项。在"范围"选项区选中"搜索路径中的库文件"单选按钮,最后单击"查找"按钮。

（4）在"浏览库"对话框中将列出搜索结果,从中选择 DIP16,再单击"确定"按钮,如果没有安装,则提示安装这个原理图元件库,返回"PCB 模型"对话框。此时已经有封装显示了,如图 8-22 所示。

（5）在"PCB 模型"对话框中单击"确定"按钮添加封装模型,此时在工作区底部模型列表中会显示该封装模型,如图 8-23 所示。

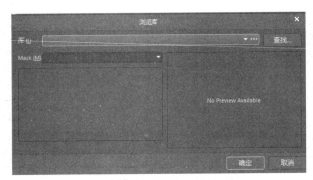

图 8-20　"浏览库"对话框

图 8-21　"基于文件的库搜索"对话框设置

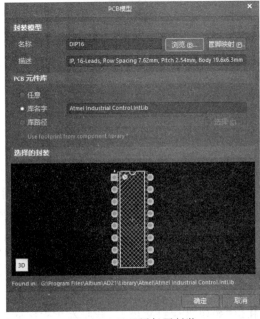

图 8-22　已经添加了封装

图 8-23　增加了封装

8.4　任务：复制元件和放置元件

在 8.1 节和 8.2 节中，已经介绍了原理图的图纸和原理图的元件设计，再加上软件自己带的集成元件库，现在可以加载元件库，并将需要的元件放置在原理图中了，本任务将介绍放置方法。

原理图的放置方法在前面的项目中已经介绍过，本任务将简要介绍以下内容。

(1) 启动原理图库。

(2) 安装元件库。

(3) 查找元件。

(4) 放置元件。

8.4.1　复制粘贴元件

(1) 将画好并添加了封装的元件从 SCH Library 面板中所列的器件中复制，如图 8-24 所示。

(2) 切换到原理图的设计窗口，然后进行粘贴，如图 8-25 所示。

图 8-24　复制元件

图 8-25　在原理图中粘贴元件

注意：也可以通过加载该元件库，按前面介绍的放置库元件的方法来进行放置，同时，也可以通过元件库面板器件列表区域中的"放置"按钮来将元件放置到原理图中。

8.4.2　在原理图中放置元件

除了上面介绍的直接在元件库的编辑环境中进行元件的放置外，也可以切换到原理图的绘制环境中，通过库面板来进行元件的放置。

(1) 从主菜单选择"视图"→"适合文件"命令确定原理图纸显示在整个窗口中。

(2) 单击依次选中 Panels→Components 选项卡，可以显示 Components 面板，如图 8-26 所示。

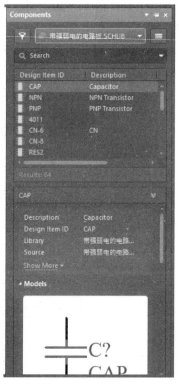

图 8-26　Components 面板

（3）在库中查找所需的元件，单击元件以选择它，然后右击 Place 按钮。另外，也可双击元件名进行放置，或者直接拖动到原理图中进行放置。

（4）在原理图上放置元件之前，首先要编辑其属性。在工作窗口中按 Tab 键，打开元件属性对话框，如图 8-27 所示，设置元件属性。

（5）完成好设置后，单击 OK 按钮，鼠标指针附带着元件，然后移动鼠标，调整好位置后，单击或按 Enter 键将元件放在原理图上，如图 8-28 所示。

图 8-27　元件属性对话框

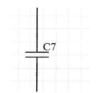

图 8-28　放置元件

（6）依次放置其他元件，如图 8-29 所示。如果需要移动元件，单击并拖动元件体，拖到需要的位置放开鼠标左键即可。

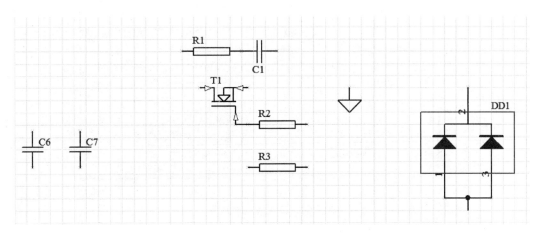

图 8-29　放置好所有元件

8.5　任务：连接原理图中的元件

原理图中的元件放置完成后，可以手动调整元件的位置，但是现在原理图中还是没有体现电气特性，因为元件没有连接，因此，本任务将对原理图的元件进行电气连接。

原理图中的元件进行电气连接的方法，前面已介绍过，可以用导线、端口、标号等。在进行电气连接的过程中，可以对图纸进行放大或缩小。

8.5.1　用导线来连接元件

原理图的电气连接操作步骤如下。

（1）为了使电路图清晰，可以使用 Page Up 键来放大，或用 Page Down 键来缩小。

（2）从主菜单选择"放置"→"线"命令或从"连线"工具栏单击 ≈ 工具进入连线模式，鼠标指针将变为十字形状。

（3）在进行连线时，当放对位置时，一个红色的连接标记会出现在鼠标指针处，这表示在该元件的引脚上建立了一个电气连接点，如图 8-30 所示。

（4）将鼠标指针移至下一位置时，会看到光标变为一个红色连接标记，如图 8-31 所示，单击在该点固定导线，在第一个和第二个固定点之间导线就连接好了。

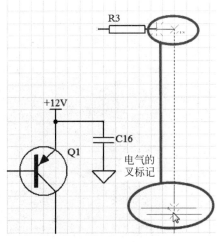

图 8-30　绘制导线

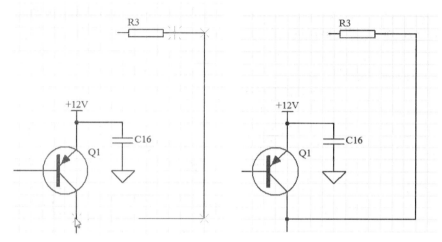

图 8-31   放置导线的过程

（5）完成这根导线的放置，注意鼠标指针仍然为十字形状，表示可以放置其他导线。如要完全退出放置模式，恢复箭头形状，在工作窗口中右击即可。

（6）连接电路中的剩余部分。

（7）在完成所有的导线连接之后，右击退出放置模式，鼠标指针恢复为箭头形状。

8.5.2   用网络标签来连接电路

除了上面介绍的使用导线外，还可以用网络标签来连接电路。

（1）完成连线需要放置网络标签。从主菜单选择"放置"→"网络标签"命令或在工具栏上单击  按钮，一个带点的 NetLabel1 框将悬浮在鼠标指针上，如图 8-32 所示。

（2）在放置网络标签之前应先编辑，按 Tab 键显示网络标签对话框，如图 8-33 所示。在网络栏内输入＋12V，然后单击确定按钮关闭对话框。

图 8-32   带着网络标号
            的鼠标指针

（3）在电路图上，把网络标签放置在连线的上面，当网络标签与连线接触时，光标会变成十字准线，如图 8-34 所示，单击放置即可。

图 8-33   网络标签属性对话框

图 8-34   带着网络标签的电源

（4）放完第一个网络标签后，仍然处于网络标签放置模式，在放置第二个网络标签之前再按 Tab 键进行编辑，像这样，依次放置其他网络标签。

（5）放置完成后，右击或按 Esc 键退出放置网络标签模式。

8.5.3　放置信号地电源端口

（1）在工具栏上单击 ![按钮] 按钮，打开如图 8-35 所示的工具栏。

（2）单击选择"放置信号地电源端口"命令。

（3）将其放置在适当的位置，当与连线接触时，光标变为一个蓝色连接标记，如图 8-36 所示。

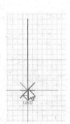

图 8-35　放置端口下拉菜单　　　　　图 8-36　放置信号地电源端口

（4）依次放置其他信号地电源端口。完成之后，选择"文件"→"保存"命令保存电路。

8.6　任务：PCB 的设计

在前面 4 个任务中已经将电路的原理图绘制完成，余下的工作是设计 PCB，完成印制电路板的设计。本任务将完成该电路设计的后续工作。

完成 PCB 的设计，在前面的项目中也介绍过，此处只作简单介绍。

（1）建立一个 PCB 文件，可以自己定义创建，也可以通过向导来创建。

（2）检查原理图中还有哪个元件没有封装。如果原理图中的元件没有封装，那么在 PCB 文件中会只有元件的名称，元件上面没有飞线连接，也就没有电气特性，该元件在 PCB 中是孤立的。

（3）加载网络表文件。可以通过原理图更新 PCB，也可以通过 PCB 导入相应的原理图。

（4）PCB 进行自动手动布局。

（5）设置布线规则，进行自动手动布线。

（6）添加泪滴、覆铜和填充。

（7）放置螺丝孔用来安装电路板。

8.6.1　用封装管理器检查所有元件的封装

先创建一个 PCB 文件，然后在原理图文件中，选择"工具"→"封装管理器"命令，显示如图 8-37 所示的 Footprint Manager 对话框。如果经检查所有元件的封装都正确,单击"关闭"按钮关闭对话框。

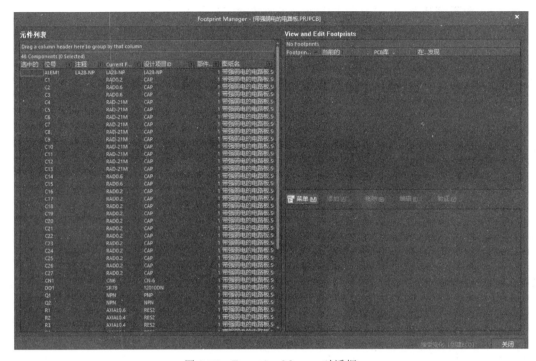

图 8-37　Footprint Manger 对话框

8.6.2　导入网络表

(1) 打开原理图文件。

(2) 在原理图编辑器中选择"设计"→Update PCB Document 命令,打开"工程变更指令"对话框。

(3) 单击"验证变更"按钮,如果执行成功,则在状态列表的"检测"项上将会显示 符号;如果有错误,则会显示 符号,如图 8-38 所示。

注意:如果在该对话框的"状态"区域的"检测"列出现了红色的叉标记,这说明原理图出现了错误,要看原理图的错误在哪里,一般问题是没有封装、没有标号或没有电气特性,即有些引脚看起来是正确的,但实际上没有连接上。

如果遇到原理图很少用导线连接,而主要是通过网络标号来连接的情况,要着重检查网络标号,网络标号放置在线段上时,一定要有个蓝色叉标记,同时,在集成块的外面的引脚上,要先给引脚画一根导线,同时,元件如电阻和电容的引脚连接也不要直接将两个元件的引脚接在一起,这有可能导致没有电气特性,因此画一小段导线来连接出故障的可能性要小很多。

(4) 如果单击"验证变更"按钮没有提示错误,则单击"执行变更"按钮,将信息发送到 PCB。此时如图 8-39 所示。

(5) 单击"关闭"按钮,目标 PCB 文件打开,并且元件也被放在 PCB 板边框的外面以准备放置,如图 8-40 所示。

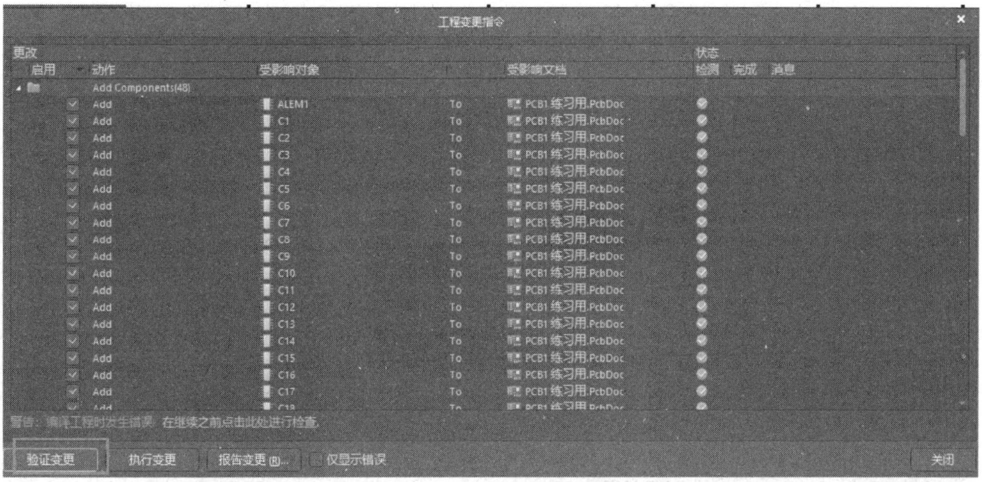

图 8-38 验证变更

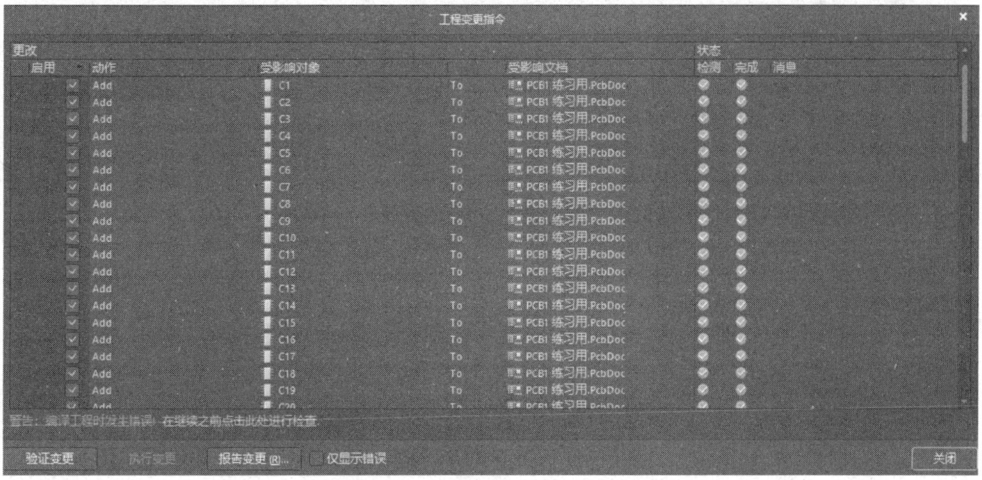

图 8-39 "工程变更指令"对话框

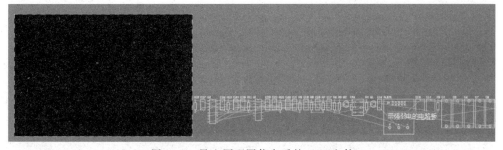

图 8-40 导入原理图信息后的 PCB 文件

8.6.3 设置 PCB 新的布线设计规则

（1）注册 PCB 文件，从主菜单选择"设计"→"规则"命令。

（2）打开"PCB 规则及约束编辑器"对话框，如图 8-41 所示。

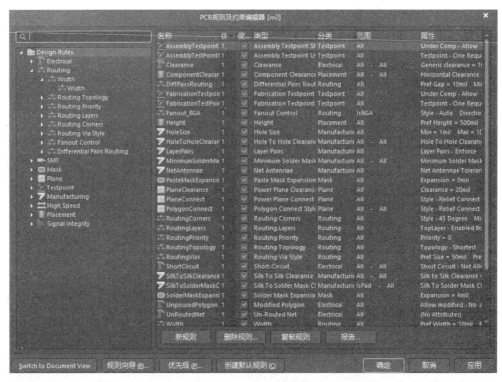

图 8-41 "PCB 规则及约束编辑器"对话框

双击 Routing 项展开显示相关的布线规则,然后双击 Width 项显示宽度规则,如图 8-42 所示。

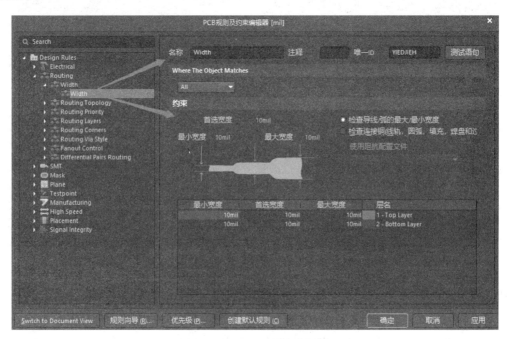

图 8-42 Width 显示宽度规则

（3）依次单击选择每条规则。当单击每条规则时，对话框右边的上方将显示规则的范围，如图 8-42 所示。

（4）添加约束规则。在 Design Rules 规则的 Width 项上右击并在弹出的快捷菜单中选择"新规则"命令，如图 8-43 所示。在建立的新规则中，可以设置自己想要的某个电气网络的线宽，如专门设置 VCC 的线宽、GND 的线宽，以及 12V 的线宽等。设置生效后，在布线时这些网络的线宽度将按设置来布线。

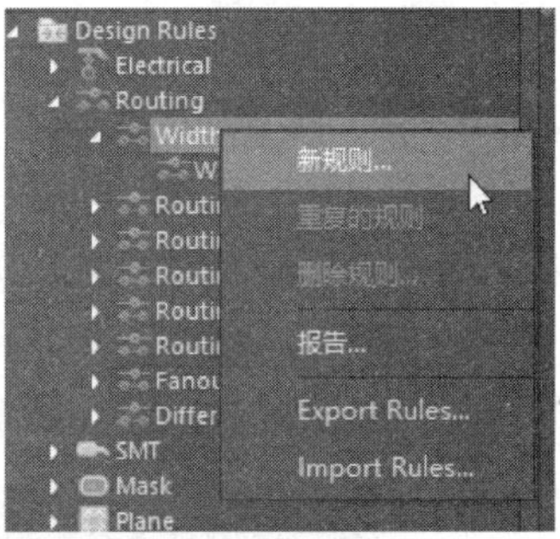

图 8-43　选择"新规则"命令

8.6.4　在 PCB 中布局元件

（1）选中所有元件，将其拖动到板框中并放置，如图 8-44 所示。

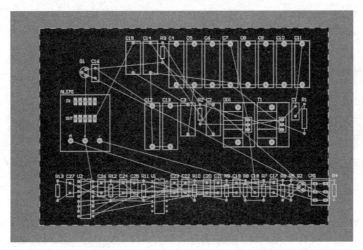

图 8-44　拖动元件在板框中

（2）此时元件的摆放不规则，需要对其进行调整，可通过自动布局工具进行布局，然后用鼠标拖动元件，将其摆放在适当的位置，放置好的元件效果如图 8-45 所示。

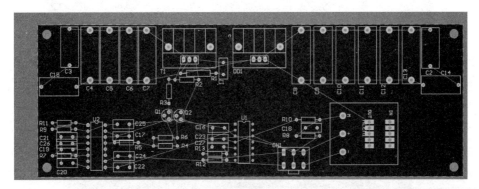

图 8-45　元件布局的效果

注意：对该 PCB 文件可以按前面介绍的方法进行自动布局，如果布局后的效果不明显，或者布局后布线不太合理，则可以进行手动布局调整，调整后的效果如图 8-51 所示。

（3）每个对象都定位放置好后，就可以开始布线了。

8.6.5　PCB 自动布线

（1）从菜单中选择 Tools→un-Route→all 命令取消板的布线。如果本身就没有布线，则此步骤不需要进行取消布线的操作。

（2）从菜单选择 Route→Auto Route→all 命令，弹出"Situs 布线策略"对话框，如图 8-46 所示，单击 Route All 按钮，在 Messages 对话框中显示自动布线过程，如图 8-47 所示。

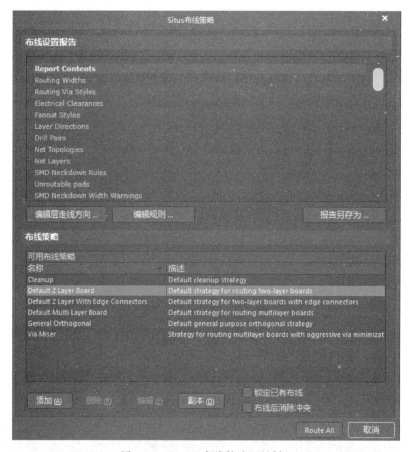

图 8-46　"Situs 布线策略"对话框

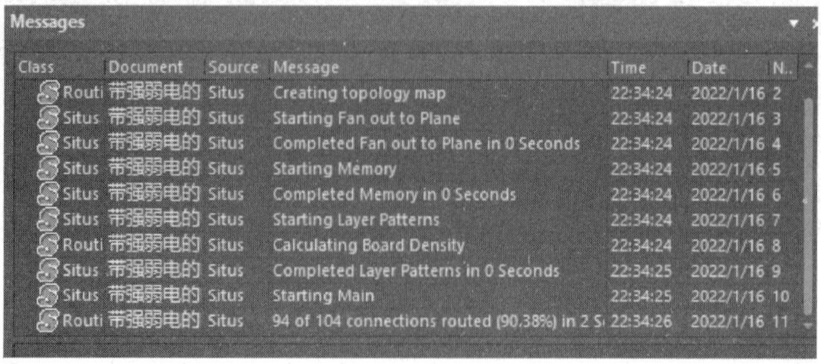

图 8-47　布线的 Messages 对话框

8.6.6　放置泪滴、覆铜和填充

1. 放置泪滴

通过选择 Tools→Teardrop 命令放置泪滴,放置泪滴的目的是将焊盘附近的线加宽,以免在 PCB 加工过程中在钻孔时会出现铜箔断裂的情形。

2. 布置多边形覆铜区

(1) 单击选择 Place→Polygon Pour 命令或单击工具栏的多边形覆铜工具按钮 ，打开多边形覆铜对话框,如图 8-48 所示。

图 8-48　设置多边形覆铜

(2) 根据自己的需要进行覆铜。覆铜后的效果如图 8-49 所示。

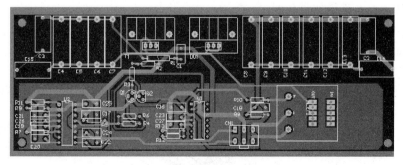

图 8-49　覆铜后的效果

3. 放置填充

（1）通过选择"放置"→"填充"命令实现。

（2）拖动鼠标在如图 8-48 所示的上面部分进行填充添加，添加填充后的效果如图 8-50 所示。

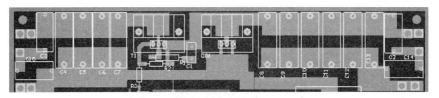

图 8-50　添加填充后的效果

（3）调整覆铜和填充区域，最后的结果如图 8-51 所示。

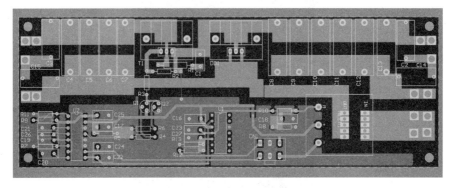

图 8-51　PCB 最后结果图

项目自测题

（1）如何建立文件系统？

（2）如何制作原理图元件？

（3）如何制作 PCB 封装？

（4）如何给元件添加封装？

（5）如何绘制 3D 模型？

（6）如何编辑 PCB 规则？

（7）PCB 的布局布线的方法是什么？

（8）完成如图 8-52 所示的 PCB 设计。

项目 8 自测题自由练习

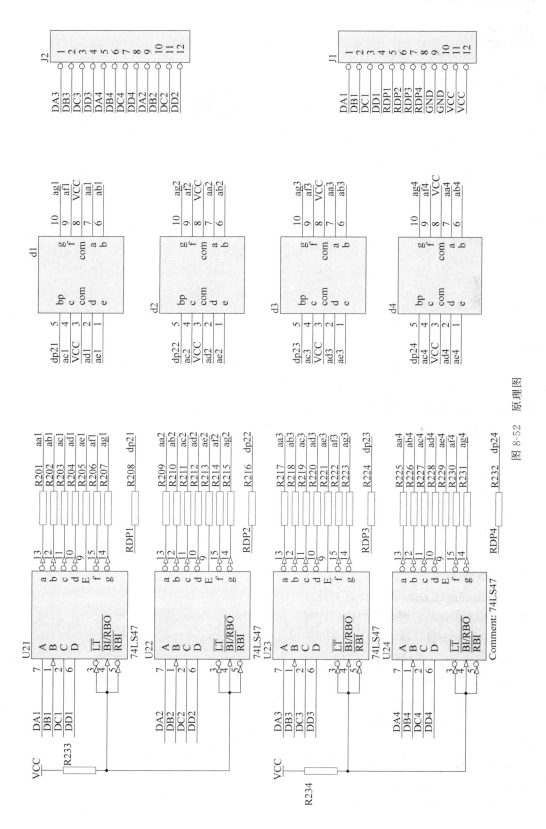

图 8-52 原理图

附录

Altium Designer 21 常用英文词汇

（以正文出现先后排序）

Next　下一步

Back　返回

Cancel　取消

I accept the license agreement　我接受许可协议

Chinese　中文

New Installation　安装新的

Select Design Functionality　选择设计功能

Destination Folders　目标文件夹

Default　默认

Yes,I Want to participate　是,我想参与

Ready To Install　准备安装

Installing Altium Designer　正在安装

File　文件

View　视图

Project　工程

Help　帮助

License Management　注册许可管理

Available Licenses　可获得的注册许可

Preferences　参数选择

System-General　系统概述

Localization　本地化

Use Localized resources　使用本地化资源

Localized menus　本地化菜单

Licenses　注册许可

Panels　面板

Comments　注解,说明

Components　组件,元件

Differences   差别

Explorer   资源管理器

Manufacturer Part Search   制造商部件搜索

Messages   消息

Navigator   导航器

Projects   工程

Allow Dock   允许对接

Horizontally   水平位置

Vertically   垂直位置

Free Documents   自由文档

Create   创建

Schematic   原理图

PCB   印制电路板

Schematic Library   原理图元件库

PCB Library PCB   元件库

Validate   验证

Update   更新

Bill of Materials   物料清单

Component Cross Reference   元件交叉参考

Report Project Hierarchy   项目层次报告

Properties   属性(property 的复数)

Page Options   页面选项

Parameters   参数

Units   单位

Custom   自定义

Visible Grid   可视格点

Snap Grid   捕捉格点

Remove Template Graphics   删除模板图形

Just this document   只这个文档

Information   信息

Choose a File   选择一个文件

Choose a snap grid size   选择一个跳转格点尺寸

Nothing to Redo   无操作可重做

Start Angle   起始角度

Radius   半径

Border   边框

Fill color   填充颜色

Transparent   透明

Design Item ID　设计项目 ID

Designator　标号，标识

Electrical Type　电气类型

Footprint　封装

File-based Libraries Preferences　基于文件的库优先权

Contains　包含

Comment　说明

Description　描述

Pin info　引脚信息

Simulation　仿真

Ibis Model　模拟模型

Rule　规则

Auto Route　自动布线

Net Class　网络类

Connection　连接

Area　区域

Room　空间